新世纪应用型高等教育
机械类课程规划教材

CAXA 2009
计算机绘图实用教程

新世纪应用型高等教育教材编审委员会 组编

主 编 李银玉 张景耀
副主编 丁丽萍 桑露萍 张红梅

U0245025

大连理工大学出版社

图书在版编目(CIP)数据

CAXA 2009 计算机绘图实用教程 / 李银玉，张景耀主
编. — 大连：大连理工大学出版社，2010.8(2016.6 重印)
新世纪应用型高等教育机械类课程规划教材
ISBN 978-7-5611-5752-7

Ⅰ. ①C… Ⅱ. ①李… ②张… Ⅲ. ①自动绘图－软件
包,CAXA 2009－高等学校－教材 Ⅳ. ①TP391.72

中国版本图书馆 CIP 数据核字(2010)第 163960 号

大连理工大学出版社出版
地址:大连市软件园路 80 号   邮政编码:116023
发行:0411-84708842   邮购:0411-84708943   传真:0411-84701466
E-mail:dutp@dutp.cn   URL:http://www.dutp.cn
大连力佳印务有限公司印刷   大连理工大学出版社发行

幅面尺寸:185mm×260mm   印张:15.5   字数:355 千字
印数:7601～9100
2010 年 8 月第 1 版   2016 年 6 月第 7 次印刷

责任编辑:吴媛媛   责任校对:梁 强
                封面设计:张 莹

ISBN 978-7-5611-5752-7   定 价:30.00 元

前言

《CAXA 2009 计算机绘图实用教程》是新世纪应用型高等教育教材编审委员会组编的机械类课程规划教材之一。

本教材是根据应用型人才培养目标和教学特点而编写的,本着实用、够用、用好的原则,以机械制图综合能力为目标,有针对性地组织 CAXA 电子图板的学习内容。通过知识篇和实例篇双重内容形式,既兼顾了绘图软件有关知识的完整性,又满足了工程绘图实践需要,与工程制图的方法和规范相结合,使读者不仅了解软件功能,而且学会软件的有效运用,达到准确、高效、规范的操作水平,全面提高工程制图综合能力。

CAXA 电子图板机械版 2009 是针对机械图样绘图开发的,功能全面实用,操作智能方便,便于掌握。多年的计算机绘图教学实践告诉我们,绘图软件作为一个工具,学习它的一些命令和操作本身不是目的,因为学生在具体绘图时,还是不得章法,机械地拼凑图形,不能有效地运用绘图软件提供的各种操作机制,充分地发挥计算机绘图应有的作用。造成这种现象的原因主要有两方面:一方面是因为缺乏对绘图软件提供的功能和操作机制实用意义的理解,另一方面是因为缺乏工程制图的方法和规范的作图意识,而这两方面又是相互依赖的。克服这两方面不足的最好方法是将工程制图与计算机绘图结合起来进行实例教学,使学生通过具体制图实践逐渐体会绘图软件各项功能和操作的实际意义,做到学以致用,同时强化制图基础。

本教材将绘图软件的功能与机械制图规范、方法和教学目标有机结合,从实用角度精选 CAXA 电子图板的最常用命令,介绍命令操作方法及其在工程制图中的有效使用,并增加实战性操作训练,注重对学生制图综合技能和素质的培养。在内容组织上,本教材分知识篇和实例篇两部分。知识篇较全面地介绍了电子图板各实用命令的功能、操作和应用,内容包括电子图板基本知识、绘图环境设置、实用绘图与编辑操作、尺寸标注、块和图库、图形共享与装配图等。实例篇围绕机械制图知识、规范和方法,以工程制图典型实例绘图为载体,循序渐进地介绍了软件各项功能的实际应用及用法。每个实例都设置了绘图目的、绘图要领、图形分析、绘图步骤、绘图技巧积累、小结和习题等专题,既方便教师有针对性地讲授,又有助于学生带着目标去学习。两篇内容既相辅相成,又自成体系,很好地将绘图软件学习与工程制图实践结合起来,达到计算机绘图的实用目的。

本教材使用最新的国家标准,内容深入浅出、图文并茂,图例简明易懂、典型实用,作图步骤和插图都非常详尽,各实例后提供了练习题,方便读者巩固所学的知识。

本教材既可作为应用型高等院校、高职高专、技师学院的机电、数控、模具等专业的教材,也可作为成人教育和职工培训的教材。

本教材由沈阳理工大学应用技术学院李银玉、张景耀任主编,沈阳理工大学应用技术学院丁丽萍、潍坊科技学院桑露萍和黑龙江广播电视大学富拉尔基分校张红梅任副主编。具体编写分工如下:李银玉编写第一篇的第 2、3 章和第二篇的实例 4、6;张景耀编写第一篇的第 1、4 章和第二篇的实例 3;丁丽萍编写第一篇的第 5 章和第二篇的实例 5;张红梅编写第一篇的第 6 章和第二篇的实例 1、2;桑露萍参与了部分章节的编写。全书由李银玉负责统稿和定稿。

由于作者水平有限,书中难免存在错误和不足,恳请使用本教材的广大读者批评指正,并将意见和建议及时反馈给我们,以便修订时完善。

编 者

2010 年 8 月

所有意见和建议请发往:dutpbk@163.com

欢迎访问教材服务网站:http://www.dutpbook.com

联系电话:0411-84708445　84708462

第1章

CAXA 电子图板 2009 的基本知识

1.1　用户界面

　　CAXA 电子图板的用户界面包括两种风格:最新的 Fluent 风格界面和经典风格界面。Fluent 风格界面主要使用功能区、快速启动工具栏和菜单按钮访问常用命令。经典风格界面主要通过主菜单和工具栏访问常用命令。使用功能键 F9 可在这两种界面之间切换。

　　除了上述界面元素外,CAXA 电子图板还包括状态栏、立即菜单、绘图区、工具选项板、命令行等。

1.1.1　Fluent 风格界面

　　如图 1-1 所示为 CAXA 电子图板的 Fluent 风格界面。

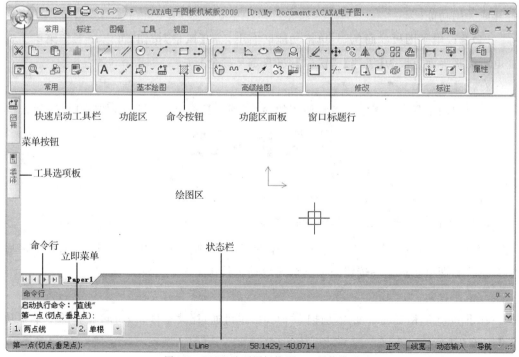

图 1-1　CAXA 电子图板的 Fluent 风格界面

1. 功能区

功能区通常包括多个功能区选项卡,每个功能区选项卡由各种功能区面板组成,如图 1-2 所示。

图 1-2 CAXA 电子图板的功能区

功能区的使用方法包括:

(1)在不同的功能区选项卡间切换:使用鼠标左键单击要使用的功能区选项卡;当鼠标指针在功能区上时,也可以使用鼠标滚轮进行切换。

(2)最小化功能区:双击功能区选项卡的标题,或者在功能区上单击鼠标右键,在弹出的菜单中选择【最小化功能区】。功能区最小化时,单击功能区选项卡标题,功能区向下扩展;在功能区外单击鼠标左键,功能区选项卡自动收起。

恢复功能区正常显示状态,只需再次双击功能区选项卡的标题。

(3)打开或关闭功能区:在功能区的各种界面元素上单击鼠标右键,在弹出的菜单中打开或关闭功能区。

(4)修改电子图板界面色调:单击功能区右上角的【风格】按钮,可以在下拉菜单中选择电子图板界面色调为【黑色】、【银白】或【自定义颜色】。

2. 快速启动工具栏

快速启动工具栏用于组织经常使用的命令,该工具栏可以自定义,如图 1-3 所示。

图 1-3 CAXA 电子图板的快速启动工具栏

自定义快速启动工具栏的方法包括:

(1)单击快速启动工具栏最右边的按钮 ;

(2)用鼠标右键单击功能区面板上的命令按钮,在弹出的菜单中选择【添加到快速启动工具栏】,即可将该命令按钮添加到快速启动工具栏中。

3. 菜单按钮

在 Fluent 风格界面下使用功能区的同时,也可通过【菜单按钮】访问经典的主菜单功能,如图 1-4 所示。

图 1-4　CAXA 电子图板的【菜单按钮】

1.1.2　经典风格界面

CAXA 电子图板的经典风格界面通过主菜单和工具栏组织命令,如图 1-5 所示。

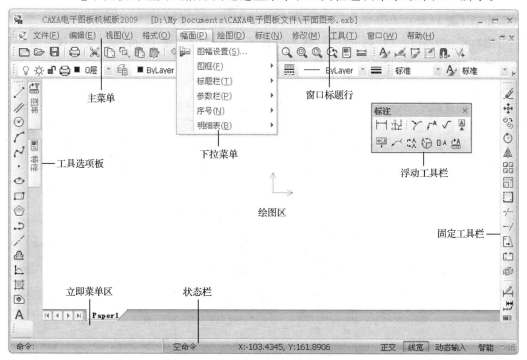

图 1-5　CAXA 电子图板的经典风格界面

1. 主菜单

CAXA 电子图板的主菜单位于屏幕的顶部,它由一行菜单项及其子菜单组成,包括【文件】、【编辑】、【视图】、【格式】、【幅面】、【绘图】、【标注】、【修改】、【工具】、【窗口】、【帮助】等菜单项。这些菜单项包括了 CAXA 电子图板几乎全部的功能和命令。用鼠标左键单击任意一个菜单项(例如单击【幅面】),都会弹出它的子菜单(也称下拉菜单)。单击子菜单上的选项即可执行对应命令或弹出次一级子菜单。

2.工具栏

CAXA 电子图板的工具栏根据功能划分为【标准】、【绘图工具】、【编辑工具】、【常用工具】、【设置工具】、【标注】等。单击工具栏上的图标按钮即可执行对应命令。另外,把鼠标指针停在图标按钮上一会儿,旁边会显示提示信息。如图 1-6 所示为处于浮动状态的【绘图工具】工具栏。

图 1-6　【绘图工具】工具栏

对工具栏可进行如下操作:

(1)改变工具栏的位置和形状

工具栏可以是"固定"或"浮动"的。附着在绘图区域的任意边上的工具栏是固定状态的工具栏,而离开绘图区域四边的工具栏,则是浮动的。如图 1-5 中的【标注】工具栏就是浮动的。

移动工具栏的方法是:用鼠标左键按住工具栏的标题(对固定工具栏,即其一侧的虚线),拖动工具栏离开或附着在绘图区域四边,松开鼠标左键即可。

调整浮动工具栏形状的方法是:将光标移到工具栏的边缘上,待光标变成双向箭头,按住鼠标左键拖动即可。

(2)打开或关闭工具栏

工具栏可以根据需要打开或关闭,其方法是:将光标移到功能区或工具栏等界面元素区域单击鼠标右键,在弹出的快捷菜单中选择【工具条】,就会弹出【工具条】子菜单,如图 1-7 所示。该子菜单中的选项相当于对应工具栏的开关,单击其中的选项,就可以打开或关闭相应的工具栏,选项前有"√",表示该选项所对应的工具栏已打开。

图 1-7　【工具条】子菜单(部分)

图 1-11　【文件】下拉菜单

1.2.1　新建文件

【新建文件】用于选择模板创建一个图形文件。如果电子图板已经启动,就可以按以下方式的任何一种启动【新建文件】命令:

- 主菜单:【文件】→【新建】;
- 快速启动工具栏:按钮 ;
- 命令:new ↙。

启动【新建文件】命令后,弹出如图 1-12 所示的【新建】对话框,用于选择模板。

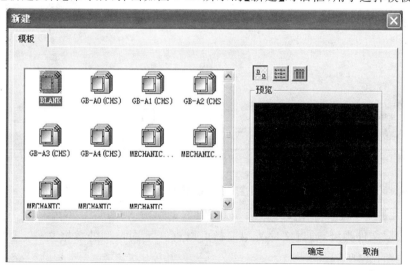

图 1-12　【新建】对话框

【新建】对话框中列出了若干个模板文件,它们是国标规定的 A0～A4 的图幅、图框及标题栏模板以及一个名称为 BLANK 的空白模板文件。这里所说的模板,实际上就是相当于已经印好图框和标题栏的一张空白图纸。用户调用某个模板文件相当于调用一张空白图纸。模板的作用是减少用户的重复性操作。

选取所需模板后,单击【确定】按钮,一个用户选取的模板文件即被调出,并显示在屏幕绘图区,这样一个新文件就建立了。

建立好新文件以后,用户就可以运用图形绘制、编辑、标注等各项功能随心所欲地进行绘图操作了。但是,当前的所有操作结果都记录在内存中,只有在保存文件以后,操作结果才会被永久地保存下来。

1.2.2 打开文件

【打开文件】用于打开一个已存盘的图形文件。【打开文件】命令的启动方式如下:

● 主菜单:【文件】→【打开】;

● 快速启动工具栏:按钮 ；

● 命令:open 。

启动【打开文件】命令后,弹出如图 1-13 所示的【打开】对话框。

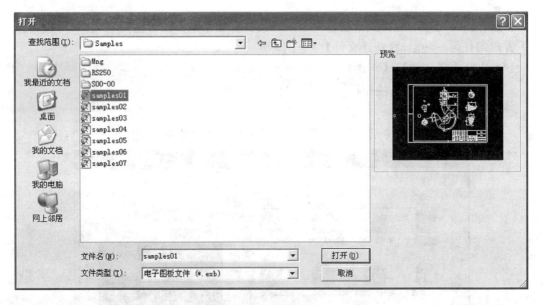

图 1-13 【打开】对话框

选取要打开的文件后,单击【打开】按钮,系统将打开这个图形文件。

在【打开】对话框中,单击【文件类型】右边的下拉箭头,可以显示出 CAXA 电子图板所支持的数据文件类型,通过文件类型选择可以打开不同类型的数据文件。【文件类型】下拉列表如图 1-14 所示。

CAXA 电子图板支持的文件格式有电子图板 EXB 文件、DWG 和 DXF 文件、WMF图元文件、DAT 文件、IGES 文件、HPGL 语言的 PLT 和 PRN 文件等。

文件名(N):	samples01	
文件类型(T):	电子图板文件 (*.exb)	

电子图板文件 (*.exb)
DWG文件 (*.dwg)
DXF文件 (*.dxf)
WMF文件 (*.wmf)
DAT文件 (*.dat)
IGES文件 (*.igs)
HPGL老版本文件 (*.plt)
HPGL新版本文件 (*.prn)
所有文件 (*.*)

图 1-14　【文件类型】下拉列表

1.2.3　保存文件

【保存文件】即是将当前绘制的图形以文件形式存储到磁盘上。用户在工作时,应养成每隔一段时间进行保存的良好习惯,以防止图形及其数据因意外而丢失。

用以下方式可以启动【保存文件】命令:

● 主菜单:【文件】→【保存】;

● 快速启动工具栏:按钮 🖫 ;

● 命令:save✓。

如果文件尚未存盘,启动【保存文件】命令后,弹出如图 1-15 所示的【另存文件】对话框。要求用户给新的图形文件命名,并选择文件格式和存盘位置。

如果文件已经存盘或者打开一个已存盘的文件,进行编辑操作后再执行【保存文件】命令,系统将直接把修改结果存储到文件中,并不再提示选择存盘路径。

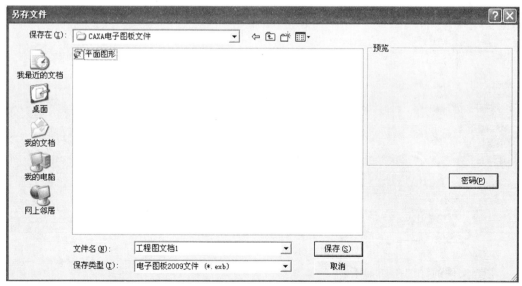

图 1-15　【另存文件】对话框

文件存盘时应注意以下几点:

(1)输入文件名时,如果当前目录已有同名文件,会提示是否覆盖。

（2）要对所存储的文件设置密码，单击【密码】按钮，在弹出的【设置密码】对话框中，按照提示重复输入两次密码后，单击【确定】按钮即可。对于有密码的文件在打开时要输入密码。

（3）电子图板支持保存旧版本格式的文件，如"电子图板 2007 文件"、"电子图板 2005 文件"、"电子图板 XP 文件"、"电子图板 V2 文件"、"电子图板 97 文件"等。从而使电子图板各版本之间的数据转换便捷。电子图板支持的其他格式可在【保存类型】下拉列表中找到。

（4）如果要保存一个已存盘文件的副本，应选择【文件】主菜单下的【另存为】选项。

1.2.4　并入文件

【并入文件】用于将用户所选的文件并入到当前的文件中。如果有同名的层，则并入到同名的层中，并获得该层的所有属性。否则，在当前文件中增加相应的层（关于图层的概念和使用请参照第 2 章）。

用以下方式可以启动【并入文件】命令：

● 主菜单：【文件】→【并入】；

● 功能区：【常用】→【常用】→按钮 ；

● 命令：merge↙。

启动【并入文件】命令后，弹出如图 1-16 所示的【并入文件】对话框。

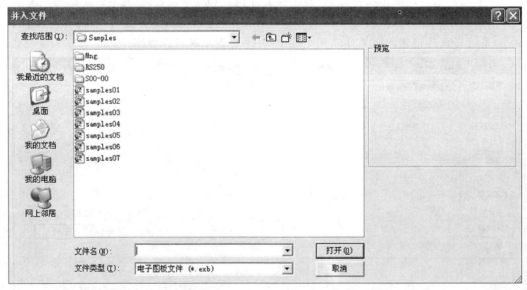

图 1-16　【并入文件】对话框

并入文件的详细操作如下：

选择要并入的文件，单击【打开】按钮，弹出如图 1-17 所示的【并入文件】对话框。

如果选择的文件包含多张图纸，并入文件时在图 1-17 所示的对话框中要在【图纸选择】列表框中选定一张要并入的图纸，选定图纸时在对话框右侧会出现所选图形的预显。

在【选项】下可以选择并入设置，具体含义如下：

（1）并入到当前图纸

将所选图纸作为一个部分并入到当前图纸中。在立即菜单中可以选择定位方式为【定点】或【定区域】,选择并入方式为【保持原态】或者【粘贴为块】,并设置放大比例。选择【并入到当前图纸】时,只能选择一张图纸。

（2）作为新图纸并入

将所选图纸作为新图纸并入到当前的文件中。此时可以选择一张或多张图纸。如果并入的图纸名称和当前文件中的图纸名称相同时,将会弹出【图纸重命名】对话框,提示修改图纸名称,如图 1-18 所示。

图 1-17　【并入文件】对话框——选择并入文件后

图 1-18　【图纸重命名】对话框

1.2.5　部分存储

【部分存储】用于将图形的一部分存储为一个文件。将图形的某一部分用【部分存储】保存为一个独立图形文件,可方便与其他文件共用。用以下方式可以启动【部分存储】命令:

● 主菜单:【文件】→【部分存储】;

● 命令:partsave↙。

执行【部分存储】命令,可以先拾取对象后执行存储,也可以先启动命令,再拾取对象。指定基点后弹出【部分存储文件】对话框,其存储操作与【保存文件】类似,此处从略。

1.2.6　多文档操作

从 CAXA 电子图板 2009 开始,电子图板可以同时打开多个图形文件,也支持在一个文件中设置多张图纸。在同时打开的文件间或一个文件中的多张图纸间可以方便地进行切换。下面介绍多文档的使用方法。

1.同时打开多个文件

同时打开的多个文件,每个文件均可以独立设计和存盘。在不同的文件间切换时可以使用以下方法之一:

(1)可以使用组合键【Ctrl+Tab】在不同的文件间循环切换。

(2)在经典风格界面下单击【窗口】主菜单,其下拉菜单中显示了所有打开的文件名列表,直接单击文件名即可切换为当前文件。

在 Fluent 风格界面下,单击功能区【视图】选项卡,使用【窗口】面板上的【文档切换】命令按钮 。

通过【窗口】主菜单或【窗口】面板,还可实现多个文件窗口的层叠、横向平铺、纵向平铺、排列图标等多窗口排列方式,如图 1-19 和图 1-20 所示。

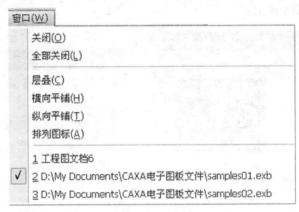

图 1-19　经典风格界面的多窗口操作

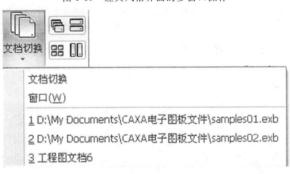

图 1-20　Fluent 风格界面的多窗口操作

2.在一个文件中设置多张图纸

电子图板支持在每个文件中同时设置多张图纸。

使用鼠标左键单击绘图区下方的图纸名称按钮,然后在不同的图纸间切换。

使用鼠标右键单击一个图纸,在弹出的菜单中可以选择:【插入】一张新图纸;【删除】所选的图纸;【重命名】所选图纸;把所选图纸【另存为】一个图纸文件。如图 1-21 所示。

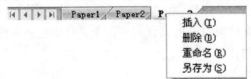

图 1-21　图纸名称及其右键菜单

1.3　基本交互

使用电子图板过程中的基本交互包括执行命令、输入点、拾取对象以及使用左键菜单、动态输入、命令行等交互工具。

1.3.1　执行命令

用电子图板绘图必须正确地输入命令及命令选项,正确地回答命令的提示。电子图板提供了键盘输入、鼠标选择、重复执行等多种命令输入方式,并通过命令的立即菜单设置命令执行方式及参数。

1.命令的输入方法

(1)键盘输入

电子图板的每个命令都有对应的键盘输入名称或简称,由一个英文单词或字母表示。例如,绘制直线的命令为"line"或"l",不分大小写。在状态行提示【命令:】时利用键盘输入命令名称或简称,并按 Enter 键确认,该命令立即被执行。

利用键盘输入命令需要熟悉命令名称,适合于习惯键盘操作的用户。实践证明,键盘输入方式比鼠标选择方式输入效率更高,希望初学者能尽快掌握和熟悉它。

(2)鼠标选择

所谓鼠标选择就是用鼠标指针去单击所需的菜单命令或者工具栏按钮,避免了背记命令的键盘输入名称,因而更直观、方便,很适合初学者采用。

电子图板还提供了绘图区鼠标右键菜单。在当前无命令运行的状态下,在绘图区单击鼠标右键可调出绘图区鼠标右键菜单[①],如图 1-22 所示。其中包括的选项有:

- 显示最近的输入命令列表。
- 进行复制、粘贴或其他实体编辑操作。
- 进行特定的操作,如显示顺序调整、块编辑等。

(3)重复执行

在无命令执行状态下,直接按空格键,或在关闭了鼠标右键菜单的情况下单击鼠标右键或按 Enter 键,电子图板将重复执行上一次命令。

2.终止、撤消和恢复命令

(1)终止命令

在命令执行过程中,有以下方式终止命令:

- 命令执行完毕自动结束命令,电子图板返回到待命状态。

图 1-22　绘图区鼠标右键菜单

---

① 绘图区鼠标右键菜单可通过电子图板的【工具】→【选项】→【选择集】→【选择模式】→【右键重复上次操作】设置来控制其开启或关闭。

● 在一个命令执行时启动另一个命令,将自动终止当前正在执行的命令转而执行新的命令。

● 按键盘上的 Esc 键,可终止正在执行的命令返回到待命状态。

(2)撤消和恢复命令

单击快速启动工具栏中的图标按钮 ⟲,可撤消已执行的命令,连续单击可逐次撤消前面执行过的命令。单击快速启动工具栏中的图标按钮 ⟳,则可恢复已被撤消的命令,连续单击可逐次恢复已撤消的命令。

3. 使用透明命令

透明命令是指在执行其他命令的期间可以启用执行的命令,这些命令执行完成后,电子图板又回到原命令执行状态,即不影响原命令继续执行。透明命令通常是一些绘图辅助命令,如显示控制命令、状态栏上的正交、动态输入、捕捉方式切换及设置等命令。

1.3.2　输入点

点是最基本的图形元素,点的输入是各种绘图操作的基础。点的输入方式力求简单、迅速、准确。CAXA 电子图板除了提供常用的键盘输入和鼠标单击输入方式外,还设置了若干种捕捉方式。例如,智能点的捕捉、工具点的捕捉等。

1. 由键盘输入点的坐标

在电子图板中,点的坐标可以使用直角坐标和极坐标两种表示方式,每种方式又可用绝对坐标和相对坐标。

(1)点的直角坐标和极坐标

如图 1-23 所示,直角坐标是用"x,y"坐标表示点的位置,通过键盘输入"x,y"坐标来输入,"x,y"坐标值之间必须用逗号隔开,例如:50,50。极坐标是用极径、极角表示点的位置,如图 1-24 所示。由键盘输入极坐标时,极径和极角之间用小于号"<"分隔,例如:70<45[①]。

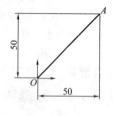

图 1-23　直角坐标

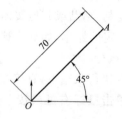

图 1-24　极坐标

(2)点的绝对坐标和相对坐标

绝对坐标是指相对坐标系原点的坐标。相对坐标是指相对系统当前点的坐标,与坐标系原点无关。为了区别绝对坐标,输入相对坐标时必须在第一个数值前面加上一个符号@。例如:输入@60,84 或@50<30。

---

① 电子图板极坐标的极角不允许使用负数。

【例 1-2】　用直角坐标输入绘制如图 1-25 所示的图形,其中 O 点是坐标系原点。

其中各点的直角坐标输入方法如下:

命令:

启动执行命令:"直线"

第一点(切点,垂足点):0,0 ↙	(输入 O 点的绝对直角坐标)
第二点(切点,垂足点):30,48 ↙	(输入 A 点的绝对直角坐标)
第二点(切点,垂足点):@30,12 ↙	(输入 B 点的相对直角坐标)
第二点(切点,垂足点):30,18 ↙	(输入 C 点的绝对直角坐标)
第二点(切点,垂足点):0,0 ↙	(输入 O 点的绝对直角坐标)
第二点(切点,垂足点):↙	(结束命令)

【例 1-3】　用极坐标输入绘制如图 1-26 所示的图形,其中 O 点为坐标系原点。

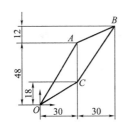

图 1-25　绝对直角坐标和相对直角坐标绘图　　　图 1-26　绝对极坐标和相对极坐标绘图

其中各点的极坐标输入方法如下:

命令:

启动执行命令:"直线"

第一点(切点,垂足点):0,0 ↙	(输入 O 点的绝对直角坐标)
第二点(切点,垂足点):70<45 ↙	(输入 A 点的绝对极坐标)
第二点(切点,垂足点):@30<330 ↙	(输入 B 点的相对极坐标)
第二点(切点,垂足点):50<15 ↙	(输入 C 点的绝对极坐标)
第二点(切点,垂足点):0,0 ↙	(输入 O 点的绝对直角坐标)
第二点(切点,垂足点):↙	(结束命令)

值得注意的是,当绘图过程中需要指定下一个点时,电子图板会从当前点引出一条随光标位置而动态改变的临时直线,称为橡皮筋。该橡皮筋相当于极坐标系的极径线,CAXA 电子图板 2009 能够识别其方向角度即极角。当橡皮筋处于合适的方向时直接输入一个数值,电子图板会将该数值当成极径,从而确定了一个相对当前点的极坐标。这种方法结合后面讲到的极轴功能,可以非常方便地按给定的方向和距离确定下一个点,是作图中使用最多的一种点坐标输入方法,也是 CAXA 电子图板 2009 新增的一种极坐标输入方法,希望引起注意并能灵活使用。

　2. 由鼠标输入点的坐标

由鼠标输入点的坐标就是通过移动光标选择需要输入的点。选中后单击鼠标左键,该点的坐标即被输入。由鼠标输入的都是绝对直角坐标。随着光标的移动,其所在位置的坐标动态地显示于状态栏的中部。

为了控制鼠标输入点的准确位置,电子图板提供了栅格、对象捕捉等功能。鼠标输入方式与这些功能配合使用,可以快速而准确地确定特征点。

(1)栅格

"栅格"类似于坐标图纸中格子线的概念,它是在屏幕上定义一个点阵,为作图过程提供参考。栅格的间距可以设置。栅格只是作图的辅助工具,而不是图形的一部分,所以不会被打印。

电子图板在开启栅格时,光标只能按一定的点阵规律移动,即光标在绘图区内"跳着走",其每次移动的最小间距称为捕捉间距。如果捕捉间距等于栅格间距,则光标总是落到栅格点上。

栅格间距和捕捉间距设置方法:用鼠标右键单击状态栏右侧的【捕捉设置区】,在弹出的菜单中选择【设置】,启动【智能点工具设置】对话框,如图 1-27 所示。

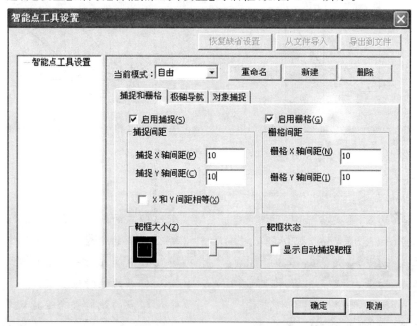

图 1-27 【智能点工具设置】对话框——【捕捉和栅格】选项卡

在【捕捉和栅格】选项卡上选中【启用捕捉】和【启用栅格】复选框,这里可在【捕捉间距】和【栅格间距】选项区中设置对应的间距大小。然后单击对话框的【确定】按钮。

注意:电子图板的栅格和捕捉功能只有在【智能点工具设置】对话框的【当前模式】设置为【栅格】时方起作用。而在【智能点工具设置】对话框的【当前模式】设置为【栅格】时,栅格和捕捉总是同时启用。

(2)对象捕捉

实际绘图时,经常要精确地找到已有图线上的特殊点,如直线的端点和中点、圆的圆心、切点等,利用"对象捕捉",就可使鼠标光标精确地拾取到所需的特殊点。

CAXA 电子图板通过两种方式实现对象捕捉:单点方式和运行方式。

①单点方式

启用工具点菜单,选择捕捉点的类型,然后移动光标到特定对象上特征点附近单击鼠标左键,则对象上符合设定的特征点便被拾取。

用户执行作图命令,需要输入特征点时,只要按下空格键,即在屏幕上弹出如图 1-28 所示的工具点菜单[①]。

工具点的默认状态为【屏幕点】。

这种点的捕获只能一次有效,用完后立即自动回到【屏幕点】状态,因而称为单点方式。

【例 1-4】　绘制图 1-29 中虚线表示的线段 AB、BC、CD。

屏幕点(S)	—— 屏幕上的任意位置点
端点(E)	—— 曲线的端点
中点(M)	—— 曲线的中点
圆心(C)	—— 圆或圆弧的圆心
孤立点(L)	—— 两曲线的交点
象限点(Q)	—— 圆或圆弧的象限点
交点(I)	—— 两曲线的交点
插入点(R)	—— 块的插入点
垂足点(P)	—— 曲线的垂足点
切点(T)	—— 曲线的切点
最近点(N)	—— 曲线上距离光标最近的点

图 1-28　工具点菜单

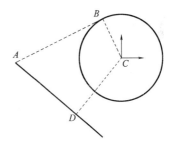

图 1-29　单点方式绘图实例

为尝试单点方式捕捉,将状态栏的【捕捉设置区】设置为【自由】。

启动【直线】命令,设置立即菜单为【1.两点线;2.连续】,命令执行过程如下:

第一点(切点,垂足点):　　　　　　　　(在工具点菜单中选择【端点】或输入字母 E)

端点[请拾取曲线]:　　　　　　　　　　(单击直线的上半部分捕捉到 A 点,如图1-30 所示)

第二点(切点,垂足点):　　　　　　　　(在工具点菜单中选择【切点】或输入字母 T)

切点[请拾取曲线]:　　　　　　　　　　(靠近切点单击圆得到 B 点,如图 1-31 所示)

第二点(切点,垂足点):　　　　　　　　(在工具点菜单中选择【圆心】或输入字母 C)

圆心[请拾取圆弧、圆、椭圆弧、椭圆]:　(单击圆上任一点得到圆心 C 点)

第二点(切点,垂足点):　　　　　　　　(在工具点菜单中选择【垂足点】或输入字母 P)

垂足点[请拾取曲线]:　　　　　　　　　(单击直线上任一点得到 D 点)

第二点(切点,垂足点):↙　　　　　　　(按 Enter 键结束命令)

②运行方式

将状态栏右侧的【捕捉设置区】切换为【智能】,则根据【对象捕捉】的设置,在作图命令需要点时,在光标经过的对象上电子图板预显这些点的存在标识,如图1-32所示,单击所需标识,便可以拾取相应的特征点。这种捕捉方式在【捕捉设置区】设为【智能】时一直会

---

① 在工具点菜单中,每个工具点都对应一个字母,记住对应的字母,当需要捕捉某类工具点时直接输入相应的字母即可。

启用,因而称为运行方式。

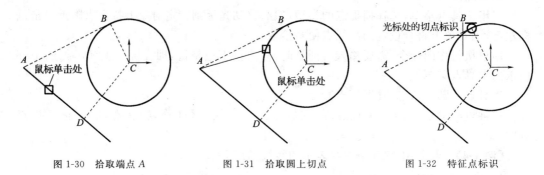

图 1-30 拾取端点 A   图 1-31 拾取圆上切点   图 1-32 特征点标识

　　【对象捕捉】的设置方法:用鼠标右键单击状态栏右侧的【捕捉设置区】,在弹出的菜单中选择【设置】,启动【智能点工具设置】对话框(参见图 1-27),打开【对象捕捉】选项卡,如图 1-33 所示。

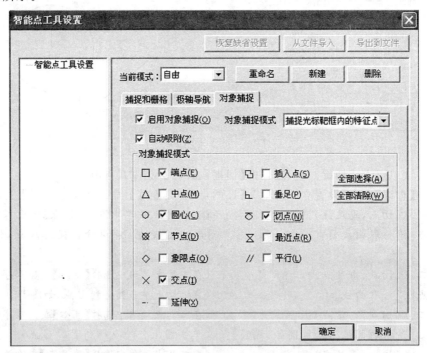

图 1-33 【智能点工具设置】对话框——【对象捕捉】选项卡

　　选中【启用对象捕捉】和【自动吸附】两个复选框。【自动吸附】的功能是:当光标移动到对象上符合条件的特征点附近时,光标会被自动吸引到这些点上来。如果不选择【启用对象捕捉】,则即使处于【智能】模式下,也不会捕捉任何特征点。

　　在对话框的【对象捕捉模式】选项区,列出了电子图板可用的捕捉类型,其中大部分与工具点菜单中的选项相对应。每个捕捉模式都有一个复选框和一个小几何图形。单击这些复选框,可启用或取消相应的捕捉模式。框中有符号"√"的,表示该模式被启用。小几何图形就是该模式启用时,电子图板在光标经过的对象上预显的标识。

对话框右侧两个按钮【全部选择】和【全部清除】用于简单地全部选取或全部取消所有的对象捕捉模式。

注意：在运行方式启用期间，如果启用了单点方式，则运行方式暂时失效，也就是说，单点方式具有优先级。待单点方式运行结束，又返回到运行方式。

因此在绘图中，为避免同时出现太多的特征点，造成误拾取，常将经常使用的特征点设置为运行方式，如端点、圆心、交点、切点等，而偶尔需要捕捉的特征点使用单点方式来捕捉。

1.3.3　拾取对象

绘图时所用的直线、圆弧、块或图符等图素称为对象。每个对象都有其相对应的绘图命令。CAXA 电子图板中的对象有下面一些类型：直线、圆或圆弧、点、椭圆、块、剖面线、尺寸等。在进行图形编辑时，首先要拾取对象。一个被选中对象的集合，称为选择集。

为方便拾取对象，电子图板提供了如下的对象拾取操作。

1.逐个拾取法

用鼠标左键单击对象，一次拾取一个对象，逐个单击可以拾取多个对象。

2.窗口拾取法

使用鼠标左键指定对角点定义矩形区域来拾取对象。根据第一对角点向第二对角点拖动光标的方向，窗口拾取对象有两种使用方法：

（1）窗选法：从左向右拖动光标，仅选择完全位于矩形区域中的对象。如图 1-34 所示，只有完全位于矩形区域内的直线 AB 和圆 O_1 被选中。

（2）窗交法：从右向左拖动光标，被矩形窗口包围的或与矩形窗口相交的对象均被选中。如图 1-35 所示，四条曲线均被选中。

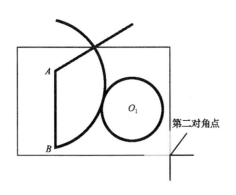

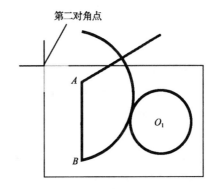

图 1-34　窗选法对象拾取　　　　　　　　　图 1-35　窗交法对象拾取

在拾取对象操作中，逐个拾取法和窗口拾取法可以交替使用。

3.选择集的添加模式和移出模式

默认的，电子图板将不同方式选择的对象逐一添加到对象选择集中，即处于选择集的添加模式。如果要从选择集中取消某些已选中的对象，只要按住 Shift 键从选择集中选择那些要移出的对象即可，这时选择集处于移出模式。

4.拾取过滤设置

为了避免不必要的误选操作，电子图板提供了【拾取过滤设置】功能，允许设置可选对象,如图 1-36 所示。只有在【拾取过滤设置】对话框中设置为可选的对象,在拾取操作中才有可能被选中。

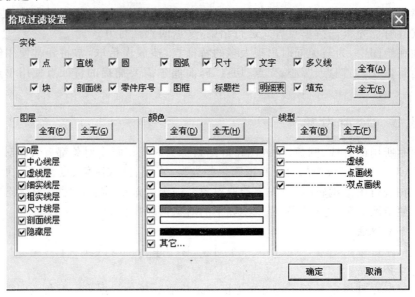

图 1-36 【拾取过滤设置】对话框

开启【拾取过滤设置】命令可以通过以下方式:

● 主菜单:【工具】→【拾取设置】;

● 功能区:【工具】→【选项】→【拾取设置】命令按钮 。

在【拾取过滤设置】对话框中每类对象和对象的图层、颜色、线型属性上都有一个复选框,意味着可以通过对象类型和对象属性控制可被拾取的对象。单击对应的复选框,框中带有符号"√"表示可选,否则不可选。

此外,电子图板还可通过锁定图层来控制某些对象的可选性(参见第 2 章)。

5.拾取对象与启动编辑命令的顺序

执行编辑操作时可以先拾取对象再启动编辑命令,也可以先启动编辑命令再拾取对象。不同的编辑命令拾取对象的流程可能会稍有不同,只要根据系统提示进行操作即可。

对于先启动编辑命令的,对象被选中后呈现高亮显示状态(默认为红色虚线),以示与其他对象的区别。若在没有任何命令运行的情况下拾取对象,则系统在选中的对象上显示实心小方框,如图 1-37 所示。这些小方框被称为"夹点",选中夹点并拖动可以进行各种编辑操作。

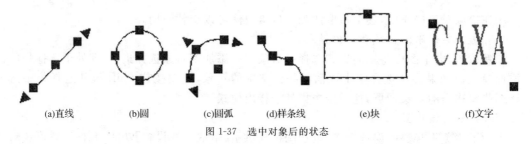

(a)直线   (b)圆   (c)圆弧   (d)样条线   (e)块   (f)文字

图 1-37   选中对象后的状态

1.3.4　动 态 输 入

除了在状态栏输入区或者命令行中输入命令和点坐标外,电子图板还提供了【动态输入】这个特殊的交互功能,可以在光标附近显示命令界面进行命令和参数的输入。动态输入可以使用户专注于绘图区。

动态输入的作用是:

(1)动态提示

启用动态输入时,在光标附近会显示命令提示。如果命令在执行时需要确定坐标点,光标附近也会出现坐标提示,如图 1-38 所示。

图 1-38　动态输入的提示

(2)输入坐标

需要确定点坐标时,可以使用鼠标左键单击,也可以在动态输入的坐标提示中直接输入坐标值,而不用在命令行中输入。

在输入过程中,可以使用 Tab 键在不同的输入框内切换。

(3)标注输入

启用动态输入时,当命令提示输入第二点时,工具提示框将显示距离和角度值。在工具提示框中的值将随着光标移动而改变。按 Tab 键可以移动到要更改的值。标注输入可用于圆弧、圆、椭圆、直线和多义线。如图 1-39 所示,通过动态输入可以确定距离、角度、半径等参数。

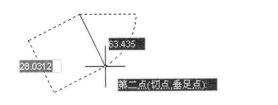 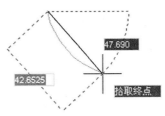

图 1-39　动态输入确定参数

打开或关闭动态输入,只要单击状态栏上的【动态输入】按钮。

注意:(1)在输入字段中输入值并按 Tab 键后,光标会受用户输入值约束。随后可以在第二个输入字段中输入值。如果用户输入值后按了 Enter 键,则第二个输入字段将被忽略,且该值将被视为直接距离输入,第二个字段将取用当前值。

(2)打开动态输入时,状态栏或命令行依旧会有命令提示。

(3)动态输入也可以用于夹点编辑。

1.3.5　命 令 行

电子图板提供的【命令行】选项板可以进行命令的输入,也可以查询操作的历史记录。

打开【命令行】选项板,如图 1-40 所示。

【命令行】选项板的作用如下:

图 1-40　电子图板的【命令行】选项板

（1）可以在命令行中输入命令和数据。

（2）拖动命令行窗口右侧的滚动控制条或者使用鼠标的滚轮，可以上、下浏览察看操作的历史记录。

【命令行】与【图库】、【特性】等其他选项板一样，可以调整其在屏幕的位置，在处于固定状态时设置自动隐藏。

1.4　视图控制

视图控制，也称显示控制。实际绘图时，为了在有限的屏幕绘图区内任意控制图形的显示范围和显示大小，需要能对图形进行显示控制。电子图板提供了一系列命令可以方便地控制视图显示。

注意：视图控制命令的作用只是改变图形的显示情况，相当于拿着放大镜观察图形，并不改变图形的实际尺寸。

视图控制的各项命令可以通过【视图】主菜单、【常用工具】工具栏、功能区【常用】选项卡下的【常用】面板及【视图】选项卡下的【显示】面板执行，如图 1-41 所示。也可以使用鼠标中键进行视图的平移或缩放。视图控制命令均为透明命令，可在其他命令运行期间启用。

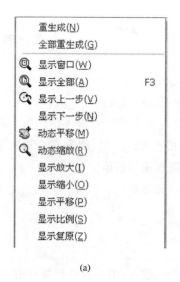

图 1-41　视图控制的命令

1.4.1　刷新并改善图形显示

1.重生成

功能：重新计算选定对象的屏幕坐标并重新生成它们的图形，以优化图形显示。

通过使用【重生成】命令可以将显示失真的图形按当前窗口的显示状态进行重新生成。例如，图形放大很多倍后一些圆、圆弧对象可能显示不光滑，呈多边形状，使用【重生成】命令可使其光滑显示，如图 1-42 所示。

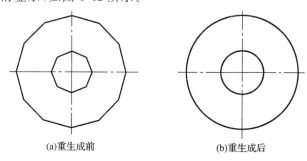

(a)重生成前　　　　　　　　　(b)重生成后

图 1-42　【重生成】命令的作用

用以下方式可以启动【重生成】命令：

● 主菜单：【视图】→【重生成】；

● 功能区：【视图】→【显示】→【重生成】命令；

● 命令：refresh ↙。

启动【重生成】命令后，拾取要操作的对象，然后单击鼠标右键确认即可。

2.全部重生成

功能：重新生成绘图区内全部图形，经常使用该命令来刷新屏幕和改善图形显示效果。

用以下方式可以启动【全部重生成】命令：

● 主菜单：【视图】→【全部重生成】；

● 功能区：【常用】→【常用】→按钮❏或【视图】→【显示】→按钮❏；

● 命令：refreshall ↙。

执行【全部重生成】命令后，绘图区内显示失真的图形立即全部得到改善。

1.4.2　显示缩放

1.显示窗口

功能：通过指定一个矩形区域的两个角点，放大该区域的图形至充满整个绘图区。

通过以下方式启动【显示窗口】命令：

● 主菜单：【视图】→【显示窗口】；

● 功能区：【常用】→【常用】→按钮❏或【视图】→【显示】→按钮❏；

● 工具栏：【常用工具】→按钮❏；

● 命令：zoom ↙。

启动【显示窗口】命令后，电子图板提示：

启动透明命令:"显示窗口"

显示窗口第一角点: (在绘图区单击一点)

显示窗口第二角点: (单击另一点)

显示窗口第一角点: (重复前面的步骤或按 Enter 键结束命令)

输入第一个角点后出现一个由方框表示的窗口,窗口大小随鼠标的移动而改变。窗口所确定的区域就是即将被放大的部分。指定第二个角点后,窗口的中心将成为新的屏幕显示中心。在该方式下,不需要给定缩放系数,CAXA 电子图板将把给定窗口范围按尽可能大的原则,使选中区域内的图形充满屏幕显示,如图 1-43 所示。

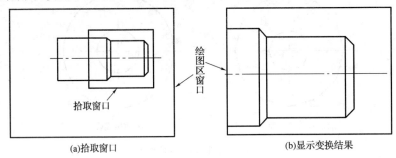

(a)拾取窗口   (b)显示变换结果

图 1-43 显示窗口操作的应用

2. 显示全部

功能:将当前绘制的所有图形全部显示在屏幕绘图区内。

用以下方式可以执行【显示全部】命令:

● 主菜单:【视图】→【显示全部】;

● 工具栏:【常用工具】→按钮 ；

● 功能区:【常用】→【常用】→【显示全部】命令按钮 或【视图】→【显示】→【显示全部】命令按钮 ；

● 命令:zoomall 。

执行【显示全部】命令后,电子图板尽可能大地将用户当前所画的全部图形显示在绘图区内。

在绘图区双击鼠标中键,也可以执行【显示全部】命令。

3. 动态缩放

功能:实时放大或缩小显示图形。

用以下方式可以启动【动态缩放】命令:

● 主菜单:【视图】→【动态缩放】;

● 工具栏:【常用工具】→按钮 ；

● 功能区:【常用】→【常用】→【动态缩放】命令按钮 或【视图】→【显示】→【动态缩放】命令按钮 ；

● 命令:dynscale 。

启动【动态缩放】命令后,绘图区光标变成一个两侧各带有符号"＋"和"－"的放大镜形状,按住鼠标左键,鼠标向上移动为放大,向下移动为缩小,松开鼠标左键则停止缩放,按 Esc 键或者单击鼠标右键可以结束动态缩放操作。

另外,任何时候都可以使用鼠标滚轮上下滚动直接进行缩放。

4.显示放大

功能:按固定比例放大视图。

用以下方式可以启动【显示放大】命令:

- 主菜单:【视图】→【显示放大】;
- 功能区:【常用】→【常用】→【显示放大】或【视图】→【显示】→【显示放大】;
- 命令:zoomin ↙。

启动【显示放大】命令后,光标变成动态缩放的 ⊕ 图标,单击鼠标左键即可放大一次。按 Esc 键或者单击鼠标右键可以结束显示放大操作。

另外,也可以按键盘的 PgUp 键,实现显示放大的效果。

5.显示缩小

功能:按固定比例缩小视图。功能与【显示放大】相反。

命令启动和执行方式与【显示放大】类似(其命令是 zoomout),此处从略。

6.显示比例

功能:可按输入的比例系数缩放当前视图。

【显示放大】和【显示缩小】是按系统默认的固定比例进行缩放,而【显示比例】则可按用户设定的比例缩放视图,因而更灵活。

用以下方式可以启动【显示比例】命令:

- 主菜单:【视图】→【显示比例】;
- 功能区:【常用】→【常用】→【显示比例】或【视图】→【显示】→【显示比例】;
- 命令:vscale ↙。

启动【显示比例】命令后,电子图板提示:

启动透明命令:"显示比例"

比例系数:　　　　　　　　　　　　　(输入比例值后按 Enter 键)

命令执行后,一个由输入数值决定放大(或缩小)比例的图形被显示出来。

1.4.3　恢复显示

1.显示复原

功能:恢复标准图纸范围的初始显示状态。

在绘图过程中,根据需要对视图进行了各种显示变换,为了返回到标准图纸的初始状态,可以使用【显示复原】命令。

用以下方式可以执行【显示复原】命令:

- 主菜单:【视图】→【显示复原】;
- 功能区:【常用】→【常用】→【显示复原】或【视图】→【显示】→【显示复原】;
- 命令:home ↙。

执行【显示复原】命令后,视图立即按照标准图纸范围显示。

另外,也可以在键盘中按 Home 键执行【显示复原】命令。

2.显示上一步

功能:取消当前显示,返回到前一次的状态。

用以下方式可以执行【显示上一步】命令：

● 主菜单：【视图】→【显示上一步】；

● 功能区：【常用】→【常用】→【显示上一步】命令按钮 或【视图】→【显示】→【显示上一步】命令按钮 ；

● 命令：prev ✓。

执行【显示上一步】命令后，系统立即将视图按上一次显示状态显示出来。

3. 显示下一步

功能：返回到下一次显示的状态。

命令启动和操作与【显示上一步】类似，其命令是 next，此处从略。

1.4.4 平移

移动图形，以浏览图形的不同部分，分为显示平移和动态平移。

1. 显示平移

功能：通过指定一个显示中心点，系统将以该点为屏幕显示的中心，平移显示图形。

用以下方式可以启动【显示平移】命令：

● 主菜单：【视图】→【显示平移】；

● 功能区：【常用】→【常用】→【显示平移】或【视图】→【显示】→【显示平移】；

● 命令：pan ✓。

启动【显示平移】命令后，根据提示在屏幕上单击一点，系统立即将该点作为新的屏幕显示中心将图形重新显示出来。本操作不改变缩放系数，只将图形作平行移动。按 Esc 键或者单击鼠标右键可以退出【显示平移】状态。

另外，可以使用↑、↓、←、→方向键使屏幕中心进行显示的平移。

2. 动态平移

功能：通过拖动鼠标平行移动图形。

用以下方式可以启动【动态平移】命令：

● 主菜单：【视图】→【动态平移】；

● 功能区：【常用】→【常用】→【动态平移】命令按钮 或【视图】→【显示】→【动态平移】命令按钮 ；

● 命令：dyntrans ✓。

启动【动态平移】命令后，光标变成动态平移的图标 ，按住鼠标左键，移动鼠标就能平行移动视图。按 Esc 键或者单击鼠标右键可以结束动态平移操作。

另外，可以按住鼠标中键直接进行平移，松开鼠标中键即可结束平移命令。

值得一提的是：在以上介绍的诸多显示控制命令中，最常用的是【窗口显示】、【显示上一步】、【显示全部】和【动态平移】，对于一般视图，这些命令就足够了。这些命令通常通过【常用工具】工具栏和功能区【常用】选项卡来启用。对于【显示全部】和【动态平移】则是通过在绘图区双击鼠标中键和按住鼠标中键来实现。希望初学者多留意这几个显示控制命令的用法。

第2章

绘图环境设置

通常情况下用户打开电子图板后就可以在默认状态下绘制图形。但要使电子图板适应自己的绘图习惯，提高绘图效率或满足某种特殊要求，就需要学会对绘图环境及系统参数作必要的设置。本章针对一般机械制图绘图需要，介绍电子图板基本环境设置方法。

2.1 系统设置

系统常用参数包括：DWG 接口设置、系统参数设置、文字设置、文件路径设置、显示设置、选取工具设置、智能点工具设置、文件属性设置等。系统设置的各项参数可以保存或加载。

系统设置是通过电子图板的【选项】对话框完成的。打开【选项】对话框有以下几种方式：

- 主菜单：【工具】→【选项】；
- 功能区：【工具】→【选项】→按钮 ；
- 命令：syscfg ✓。

执行【选项】命令后，弹出如图 2-1 所示的【选项】对话框。

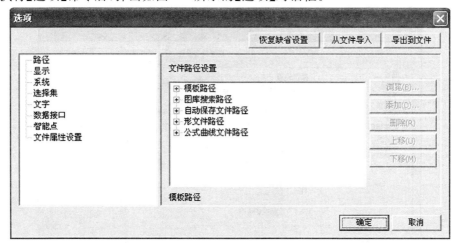

图 2-1 【选项】对话框

【选项】对话框的使用方法如下：

（1）对话框左侧为参数列表，选择一个参数后可以在右侧区域进行设置。

（2）单击【恢复缺省设置】可以撤消参数修改，恢复为默认的设置。

（3）单击【从文件导入】可以加载已保存的参数配置文件，载入保存的参数设置。

（4）单击【导出到文件】可以将当前的系统设置参数保存到一个参数文件中。

2.1.1 文件路径设置

当需要了解或设置系统的各种支持文件路径时，进入【选项】对话框，在左侧参数列表中选择【路径】，如图 2-2 所示。

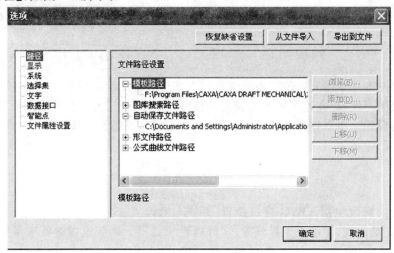

图 2-2　文件路径设置的【选项】对话框

在此对话框内可以设置的支持文件路径类型包括：模板路径、图库搜索路径、自动保存文件路径、形文件路径、公式曲线文件路径。选择一个路径后，即可进行浏览、添加、删除、上移、下移等操作。

2.1.2 绘图区背景设置

在【选项】对话框左侧参数列表中选择【显示】，如图 2-3 所示。

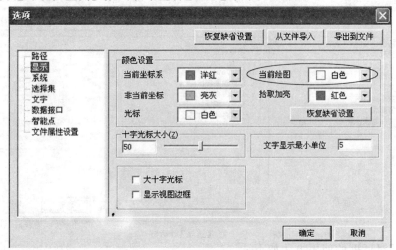

图 2-3　显示设置的【选项】对话框

其中【颜色设置】选项区中【当前绘图】颜色即绘图区背景颜色,通过该项设置来控制。

2.1.3　绘图区右键单击设置

在没有命令执行情况下,电子图板在绘图区域单击鼠标右键可以实现不同的操作。可以弹出快捷菜单,也可以重复上一个命令。在【选项】对话框左侧参数列表中选择【选择集】,如图 2-4 所示。在【选择模式】选项区选中【右键重复上次操作】复选框(即框中带符号"√"),则单击鼠标右键时重复上一个命令,否则,弹出屏幕立即菜单。这里对鼠标右键单击的设置也决定键盘上按 Enter 键的作用。

另外,选中其下方的【空格激活命令】复选框,表示按下空格键也可重复上一个命令,否则空格键不起作用。

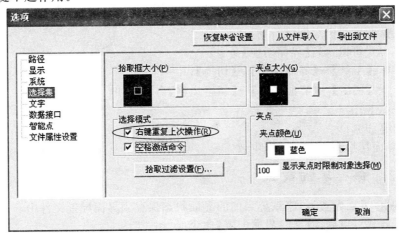

图 2-4　选择集设置的【选项】对话框

2.1.4　图形单位设置

默认的电子图板的绘图单位,长度为毫米,精度为 4 位;角度为度,精度为 3 位。通过【选项】对话框的【文件属性设置】,可以控制图形单位及其精度。文件属性设置的【选项】对话框如图 2-5 所示。

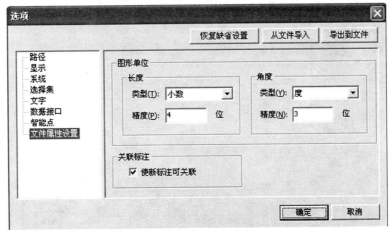

图 2-5　文件属性设置的【选项】对话框

这里的设置会在启用【动态输入】时反映出来。

注意:这里的精度设置并不影响绘图时输入的数值精度。例如,在绘制直线时输入了长度 100.245,则所得到的直线长度就是 100.245,电子图板并不会作舍入。

2.2 界面配置

绘图中经常需要根据个人的操作习惯和绘图需要对绘图界面进行设置。这里介绍包括对系统界面的切换、保存、加载等界面配置操作,以及对各种界面元素的定制操作。

2.2.1 界面切换

电子图板中包含了经典风格界面和 Fluent 风格界面两种风格界面,使用【界面切换】命令可以在这两种界面之间进行切换。

用以下方式可以执行【界面切换】命令:

- 主菜单:【工具】→【界面操作】→【切换】;
- 功能区:【视图】→【界面操作】→【切换风格】命令按钮▯;
- 命令:interface ↙;
- 功能键:F9。

执行【界面切换】命令后,立即生效。

2.2.2 保存界面配置

通过【保存界面配置】可将系统当前的界面状态保存到界面配置文件中。

用以下方式可以启动【保存界面配置】命令:

- 主菜单:【工具】→【界面操作】→【保存】;
- 功能区:【视图】→【界面操作】→【保存配置】命令按钮▥;
- 命令:Interfacesave ↙。

启动【保存界面配置】命令后,弹出如图 2-6 所示的对话框。

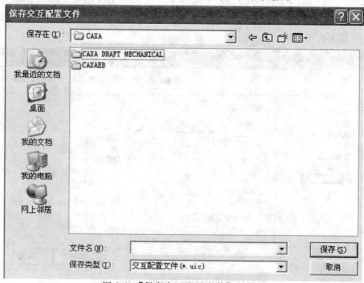

图 2-6 【保存交互配置文件】对话框

指定保存路径和文件名后,单击【保存】按钮即可。

2.2.3　加载界面配置

加载已保存的界面配置文件,以恢复之前设定的系统界面状态。

用以下方式可以启动【加载界面配置】命令:

- 主菜单:【工具】→【界面操作】→【加载】;
- 功能区:【视图】→【界面操作】→【加载配置】命令按钮 ;
- 命令:Interfaceload ↙。

启动【加载界面配置】命令后,弹出与图 2-6 相类似的【加载交互配置文件】对话框。从中选择一个界面配置文件,单击【打开】按钮即可。

2.2.4　界面定制

电子图板允许用户自定义界面元素和界面状态。可以定制的界面元素包括主菜单、工具栏、外部工具、快捷键、键盘命令等。这些操作都是在【自定义】对话框中完成的。

用以下方式可以启动【界面定制】命令:

- 主菜单:【工具】→【自定义界面】;
- 右键菜单:【自定义】;
- 命令:customize ↙。

启动【界面定制】命令后,弹出【自定义】对话框,如图 2-7 所示。

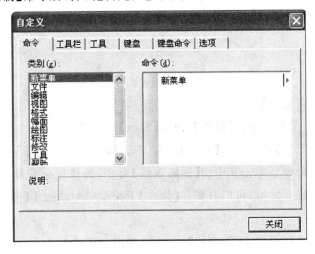

图 2-7　【自定义】对话框

1.定制菜单

操作方法如下:

在启动【界面定制】命令后,单击一个主菜单项弹出对应下拉菜单,在【自定义】对话框中选择【命令】选项卡,在其【类别】列表中选择一个类别,则在对话框的【命令】列表中将列出相应类别的所有命令。使用鼠标左键选择一个命令拖动到弹出的主菜单项下拉菜单中即可添加命令;反过来,也可以将主菜单项下拉菜单中的命令拖动到【自定义】对话框的【命令】列表中,即可取消主菜单中的一个命令。

【例2-1】 向【修改】主菜单中添加【删除重线】命令。

如图2-8所示,操作过程如下:

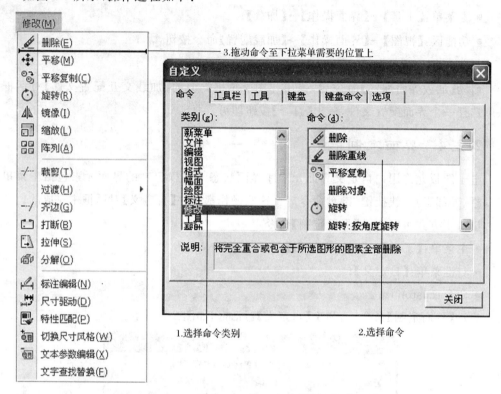

图 2-8　定制菜单示例

第一步,打开【自定义】对话框。

第二步,打开主菜单并单击【修改】,弹出【修改】下拉菜单。

第三步,在【自定义】对话框的【类别】列表中选择【修改】,这时在对话框的【命令】列表中显示所有的修改命令。单击其中的【删除重线】命令,按住鼠标左键将其拖至【修改】下拉菜单需要的位置松开鼠标,可以看到在【修改】下拉菜单中添加了【删除重线】命令。

2.定制工具栏

在【自定义】对话框中单击【工具栏】选项卡,弹出如图2-9所示的对话框。

其中的【工具栏】列表选项与鼠标右键菜单中【工具条】子菜单选项对应。

定制工具栏的操作方法如下:

(1)在对话框左侧显示【工具栏】列表,单击列表中的复选框即可打开或关闭工具栏。

(2)单击【新建】按钮可以新建一个工具栏。

(3)和定制菜单一样,可以通过拖动鼠标将【命令】选项卡上的命令拖动到工具栏上,

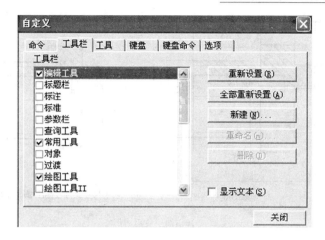

图 2-9　定制工具栏的【自定义】对话框

也可以将工具栏的命令拖动到对话框中,取消工具栏上相应的命令按钮。

此外,通过【界面定制】命令还可以定制电子图板命令的快捷键和键盘命令,此处从略。

2.3　图层

图层是 CAD 系统组织图形的最有效的工具之一。灵活运用图层技术,将给图形的处理带来许多方便。

2.3.1　图层的概念和作用

如果图纸是透明的,且各张图纸有完全相同的坐标系,在画图时,把不同性质的对象画在不同的透明图纸上,画完后把各张图纸重叠在一起,就得到一张完整的图形。这样做就可以对图形对象进行分类,便于图形的修改和使用。使用电子图板的图层技术,就可实现这一想法。

图层是具有属性的,其属性可以被改变。图层的属性包括层名、层描述、线型、颜色、打开与关闭以及是否为当前层等。每一个图层对应一种颜色和线型。系统规定,启动后的初始层为【0 层】,它为当前层,线型为粗实线。

图层可以新建,也可以被删除。图层可以被打开,也可以被关闭。打开的图层上的对象在屏幕上可见,关闭的图层上的对象在屏幕上不可见。

为了便于用户使用,系统预先定义了八个图层。这八个图层的层名分别为【0 层】、【中心线层】、【虚线层】、【细实线层】、【粗实线层】、【尺寸线层】、【剖面线层】和【隐藏层】,每个图层都按其名称设置了相应的线型和颜色。系统预定义的这八个图层不能删除,但可以改变图层属性。

图层应用实例如图 2-10 所示。

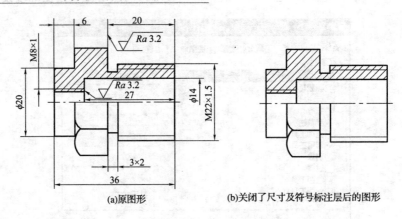

(a)原图形   (b)关闭了尺寸及符号标注层后的图形

图 2-10 　图层应用实例

2.3.2 　图层设置

对图层的各种操作是通过【图层设置】命令完成的。其操作内容包括：设置当前层、重命名、新建、删除、打开/关闭、冻结/解冻、锁定/解锁、设置颜色、设置线型、设置线宽、层打印等。

用户对图层属性内容进行修改，则图层上所有对象的属性均会更新。

用以下方式可以启动【图层设置】命令（图 2-11）：

- 主菜单：【格式】→【图层】；
- 功能区：【常用】→【属性】→ 按钮 ；
- 工具栏：【颜色图层】→ 按钮 ；
- 命令：layer ↙。

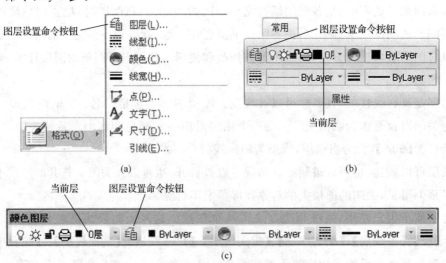

图 2-11 　【图层设置】命令的启动方式及当前层

执行【图层设置】命令后，弹出如图 2-12 所示的【层设置】对话框。

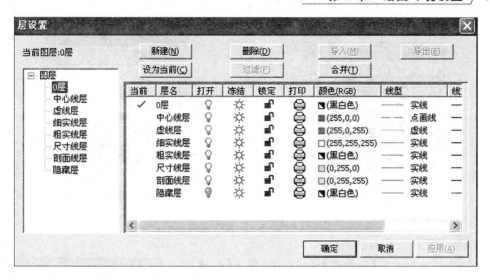

图 2-12 【层设置】对话框

1.设置当前层

功能:将某个图层设置为当前层,随后绘制的图形元素均放在当前层上。

所谓当前层就是当前正在进行操作的图层,当前层也可称为活动层。为了对已有的某个图层中的图形进行操作,必须将该图层设置为当前层。

系统只有唯一的当前层,其他的图层均为非当前层。

设置当前层的方法有:

(1)用鼠标左键单击【颜色图层】工具栏或功能区【常用】选项卡【属性】面板的图层下拉箭头,可弹出图层列表,在列表中用鼠标左键单击所需的图层即可完成当前层选择的设置操作。图层列表如图 2-13 所示。

(2)在如图 2-12 所示【层设置】对话框中单击要设置的图层,之后单击【设为当前】按钮即可。

当前层位于图层下拉列表的表头。

2.重命名图层

图层的名称分为层名和层描述两部分。层名是层的代号,是层与层之间相互区别的唯一标志,因此层名是唯一的,不允许有相同层名的图层存在。层描述是对层的形象描述,层描述尽可能体现图层的性质,不同图层之间层描述可以相同。层描述可以忽略。

重命名图层的操作方法如下:

在图 2-12 所示【层设置】对话框左侧的图层列表中选取要重命名的图层,单击鼠标右键,在弹出的菜单中选择【重命名】,如图 2-14 所示。该图层名称变为可编辑状态,输入名称后单击对话框空白处即可。

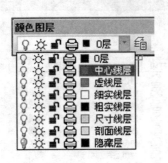

图 2-13　图层列表

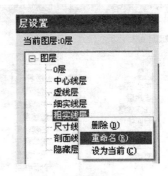

图 2-14　图层重命名操作

3.新建图层

新建图层的操作方法是：

在图 2-12 所示的【层设置】对话框中，单击【新建】按钮，弹出如图 2-15 所示的对话框。在【风格名称】文本框中输入一个图层名称，并在【基准风格】下拉列表中选择一个基准图层，单击【下一步】后返回【层设置】对话框，在图层列表的最下边一行可以看到新建图层，新建图层默认使用所选的基准图层的设置。

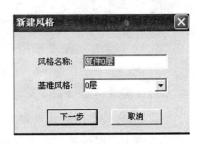

图 2-15　【新建风格】对话框

4.删除图层

在图 2-14 所示的右键菜单中可以删除所选中的图层。

删除图层时须注意以下事项：

(1)只能删除用户创建的图层，不能删除系统原始图层。

(2)图层被设置为当前层时，不能被删除。

(3)图层上有图形被使用时，不能被删除。

5.打开或关闭图层

在图 2-12 所示的【层设置】对话框中，用鼠标左键单击所选图层的灯泡图标按钮💡，该按钮图标在"亮灯"和"暗灯"图标之间切换。"亮灯"表示图层打开，"暗灯"表示图层关闭。

打开或关闭图层的注意事项如下：

(1)当前层不能被关闭。

(2)图层处于打开状态时，该层上的对象被显示在屏幕绘图区；处于关闭状态时，该层上的对象处于不可见状态。关闭层上的对象不可选择，但不影响打印。标题栏和明细表以及图框等图纸幅面元素不受层关闭的限制。

6.冻结或解冻图层

在图 2-12 所示的【层设置】对话框中，用鼠标左键单击所选图层的太阳图标按钮☼，该按钮图标在"太阳"和"雪花"图标之间切换。"太阳"表示图层解冻，"雪花"表示图层冻结。

冻结一个图层与关闭一个图层有同样的效果。不同的是，冻结图层上的对象在重新生成图形时被忽略，从而在进行图形显示控制操作时，图形刷新速度较快，而关闭图层上的对象则仍会被刷新，因而图形复杂时，屏幕刷新的速度会慢些。同时层冻结同样作用于标题栏和明细表以及图框等图纸幅面元素。但在一般情况下，两者不会有明显的差别。另外，冻结和解冻图层比打开和关闭图层需要更多的时间。如果只为控制图形对象的隐藏或显示，建议使用打开/关闭功能。

7. 锁定或解锁图层

在图 2-12 所示的【层设置】对话框中，用鼠标左键单击所选图层的锁状图标按钮🔓，可进行图层锁定或解锁的切换。图层锁定后的图层状态图标变为闭合的"锁"图标🔒。当图层处于锁定状态时，该图层上的图素只能增加，并且对其上对象只能进行复制、粘贴、阵列、属性查询等操作，不能进行修改操作。可以形象地将"锁定"理解为对被锁定图层上的对象施加了保护。

8. 设置图层颜色

每个图层都可以设置一种颜色，图层颜色是可以改变的。在图 2-12 所示的【层设置】对话框中，用鼠标左键单击所选图层的颜色图标按钮，系统弹出如图 2-16 所示的【颜色选取】对话框。

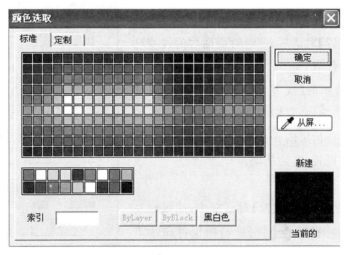

图 2-16 【颜色选取】对话框

用户可根据需要选择颜色后，单击【确定】按钮，返回【层设置】对话框，此时对应图层的颜色已改为用户选定的颜色。

9. 设置图层线型

每个图层都可以设置一种线型，图层的线型是可以改变的。在图 2-12 所示的【层设置】对话框中，用鼠标左键单击所选图层的线型图标按钮，系统弹出如图 2-17 所示的【线型】对话框。

用户可根据需要选择线型，单击【确定】按钮后返回【层设置】对话框，此时对应图层的线型已改为用户选定的线型。

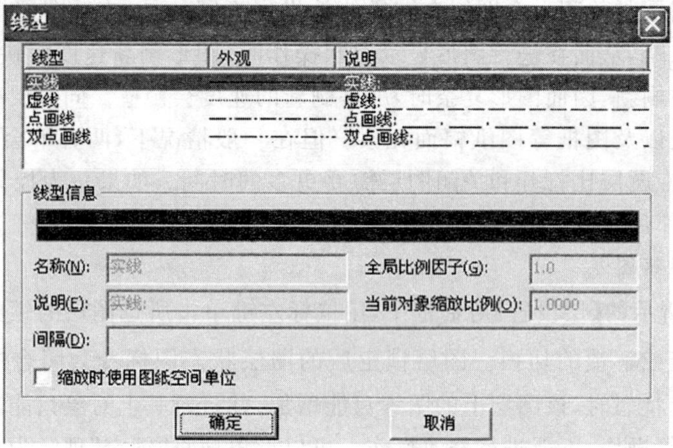

图 2-17 【线型】对话框

10.设置图层线宽

每种线型都有对应的线宽,图层的线宽也是可以改变的。在图 2-12 所示的【层设置】对话框中,用鼠标左键单击所选图层的线宽图标按钮,系统弹出如图 2-18 所示的【线宽设置】对话框。

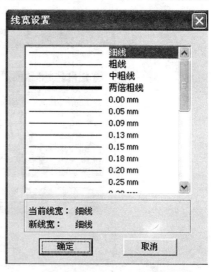

用户可根据需要选择一种线宽后,单击【确定】按钮,返回【层设置】对话框,此时对应图层的线宽已改为用户选定的线宽。

在图 2-18 所示的【线宽设置】对话框中,有【细线】和【粗线】两个选项,它们的具体值是通过系统的【线宽设置】对话框指定的。系统的线宽设置方法见本书 2.4.2 线宽设置,此处从略。

11.图层打印设置

在图 2-12 所示的【层设置】对话框中,用鼠标左键单击打印机图标按钮 🖨,可进行图层打印或不打印的切换。不打印的图层打印机图标变为 🖨,此图层的内容打印时不会输出。

图 2-18 【线宽设置】对话框

2.4 对象属性设置

电子图板的对象除了图层属性外,还有颜色、线型和线宽等属性。和图层设置命令在一起,这些属性的设置命令也在功能区的【常用】选项卡【属性】面板、主菜单的【格式】下拉菜单和【颜色图层】工具栏中,如图 2-19 所示。

前面介绍图层时,已涉及了颜色、线型和线宽三个属性。也就是说,一个具体电子图

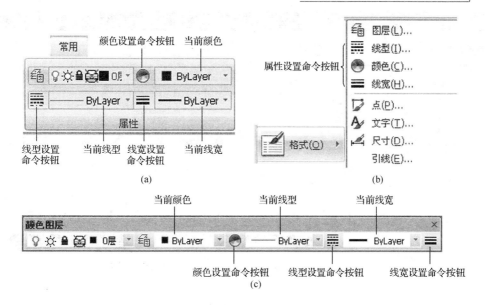

图 2-19 对象属性命令的启动方式及其当前设置

板对象的这些属性可以由其所属图层的层属性来控制,同时也可以通过对象属性设置来改变。这里,系统的【对象属性】优先于图层的对应属性。要使一个对象获得其所在图层的相应属性设置,那么在创建对象时,对象的三个属性均必须为【ByLayer】,即随层。

和当前层一样,颜色、线型和线宽三个属性的当前状态显示在对应下拉列表的表头。

切换对象的当前属性,只要在功能区的【常用】选项卡【属性】面板或【颜色图层】工具栏的相应下拉列表中用鼠标左键单击所要的属性值即可,后文对此不再详述。

一般情况下,电子图板给出了较充足的对象属性选择范围,只要在对应的属性下拉列表中选用即可。如果需要对各属性进行更大范围的选择,则需要启动相应的属性设置命令,进行属性设置。

对象的颜色设置操作与图层颜色设置操作类似,此处从略。这里重点介绍线型和线宽设置。

2.4.1 线型设置

线型设置的命令名称是 ltype。执行【线型设置】命令后,弹出如图 2-20 所示的对话框。在该对话框中可以设置当前线型、修改线型、新建线型、删除线型、加载线型和输出线型。

1.修改线型

修改线型就是修改已有线型的参数。线型的参数包括名称、说明、全局比例因子、当前对象缩放比例、间隔等。【线型设置】对话框中的【ByLayer】和【ByBlock】线型不能修改。

线型修改操作如下:

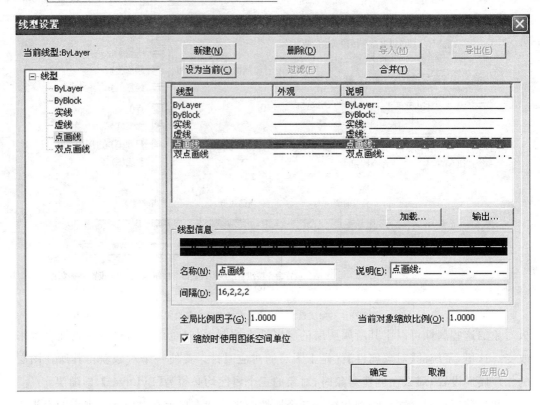

图 2-20 【线型设置】对话框

在【线型设置】对话框中选择一个线型,在对话框的【线型信息】选项区便显示出该线型的各项参数,可以方便地编辑修改。其中各项参数的含义和设置方法如下:

● 【名称】:设置所选线型的名称。可以直接输入,也可以在左侧的线型列表中选中一个线型单击鼠标右键后,在弹出的菜单中选择【重命名】,输入新名称即可。

● 【说明】:输入所选线型的说明信息,直接输入即可。

● 【全局比例因子】:更改用于图形中所有线型的比例因子。

● 【当前对象缩放比例】:设置所编辑线型的比例因子。绘图时所用的线型比例因子是全局比例因子与该线型缩放比例的乘积。

● 【间隔】:输入当前线型的代码。线型代码最多由 16 个数字组成,每个数字代表笔画或间隔长度的像素值。

奇数位数字代表笔画长度,偶数位数字代表间隔长度,数字【1】代表 1 个像素,笔画和间隔用逗号【,】分开,线型代码数字个数必须是偶数。

例如,点画线的间隔数字为 16,2,2,2,其线型显示效果如图 2-21 所示。

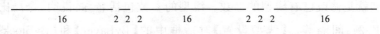

图 2-21 线型间隔示例

修改参数完毕后,单击【确定】按钮即可确认。

2.新建线型

在图 2-20 所示的【线型设置】对话框中单击【新建】按钮,弹出如图 2-22 所示的对话框。在【风格名称】文本框中输入一个线型名称,在【基准风格】下拉列表中选择一个基准线型,单击【下一步】后,返回【线型设置】对话框,在左侧线型列表的最下边一行可以看到新建的线型,新建线型的设置默认使用所选的基准线型的设置。

图 2-22　新建线型对话框

3.删除线型

在图 2-20 所示的【线型设置】对话框中选中要删除的线型,单击【删除】按钮,在弹出的提示对话框中单击【是】即可删除线型。也可以在左侧的线型列表中选择要删除的线型,并单击鼠标右键,在弹出的菜单中选择【删除】并确认。

删除线型须注意以下事项:

(1)只能删除用户创建的线型,不能删除系统原始线型。

(2)线型被设置为当前线型时,不能被删除。

4.加载线型

在图 2-20 所示的【线型设置】对话框中单击【加载】按钮,弹出如图 2-23 所示的对话框。

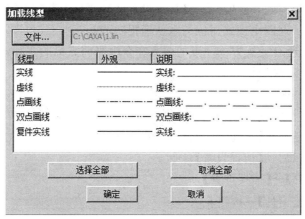

图 2-23　【加载线型】对话框

单击【文件】选择一个线型文件,然后在下方【线型】列表中选择要加载的线型,单击【确定】按钮即可。

5.输出线型

用于将已有线型输出到一个线型文件保存。

2.4.2　线宽设置

线宽设置的命令名称是 wide。执行【线宽设置】命令后,弹出如图 2-24 所示的对话框。

【线宽设置】对话框中各项参数含义和使用方法如下:

● 在左侧【线宽】列表中选择【细线】或【粗线】后,可以在右侧【实际数值】输入框中为

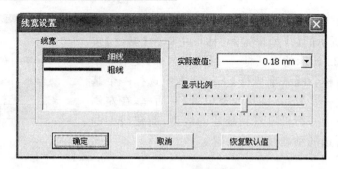

图 2-24 【线宽设置】对话框

系统的【细线】或【粗线】指定线宽[1]。

● 拖动【显示比例】选项区的手柄可以调整系统所有线宽的显示比例，向右拖动手柄提高线宽显示比例，向左拖动手柄降低线宽显示比例。

2.5 点捕捉设置

本书在 1.3.2 节中介绍了栅格和两种对象捕捉拾取点的方法。此外，电子图板还提供了极轴导航、特征点导航等方向追踪功能。电子图板将系统所有的特征点拾取和导航功能合理组合为四种模式，即状态栏上【捕捉设置区】的【自由】、【智能】、【栅格】和【导航】，以供不同绘图需要。这四个模式对应的默认捕捉功能是[2]：

● 自由：关闭了所有捕捉方式。点的输入完全由当前光标的实际定位来确定。

● 智能：只打开对象捕捉。

● 栅格：只打开捕捉和栅格。

● 导航：同时打开极轴、对象追踪和对象捕捉。

点的捕捉设置是通过【智能点工具设置】对话框来实现的。

用以下方式可以启动【捕捉设置】命令：

● 主菜单：【工具】→【捕捉设置】；

● 工具栏：【设置工具】→按钮 🔲；

● 功能区：【工具】→【选项】→按钮 🔲；

● 状态栏：【捕捉设置区】的右键菜单【设置】；

● 命令：potset ↙。

启动【捕捉设置】命令后，弹出【智能点工具设置】对话框，如图 2-25 所示。

关于图 2-25 所示的【智能点工具设置】对话框中的【捕捉和栅格】和【对象捕捉】两个选项卡已在第一章中作过说明，此处从略。这里要重点介绍【极轴导航】选项卡的设置和使用。

---

① 注意，机械制图国家标准规定，粗线型的线宽与细线型的线宽之比为 2∶1，即粗线宽是细线宽的两倍。

② CAXA 电子图板机械版 2009 的使用表明，四个捕捉模式对应的捕捉功能是可以改变或重新组合的。也就是说，这四个模式所对应的捕捉功能可以由用户自己分配。但考虑实用性，希望用户遵守系统的默认指定，运用捕捉设置命令，仅用于修改具体捕捉功能的参数或状态。

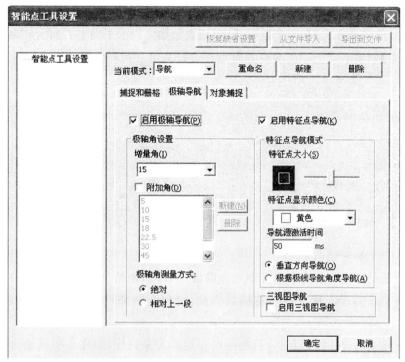

图 2-25 【智能点工具设置】对话框——【极轴导航】选项卡

2.5.1 极轴导航

1.极轴导航的概念

我们知道,在极坐标系中,点的位置是由极径和极角确定的。如果以当前点为极坐标原点,便建立了一个相对极坐标系。在这个坐标系中,具有确定极角的点的集合就是极轴,这个极角决定了极轴的方向。设置要捕捉的极角,就可以获得特定方向的极轴,这就是极轴导航。开启极轴导航后,随着光标的移动,系统会根据当前【极轴角】参数设置捕捉那些符合条件的角度,自当前点产生一条辅助射线,即极轴追踪线,也称极轴导航对齐路径,如图 2-26 所示。当满足特定角度的辅助射线出现的时候单击鼠标左键或输入极径值,就可以获得与当前点成特定角度对齐的下一点,从而获得确定方向的图线。

极轴导航实际上是给绘图过程提供了方便的定向功能。

2.极轴导航设置

在图 2-25 所示的【智能点工具设置】对话框的【极轴导航】选项卡单击【启用极轴导航】,可以打开或关闭极轴导航。【极轴角设置】选项区各项参数的含义及设置方法如下:

●【增量角】是设置用来显示极轴追踪线的极轴角度增量,电子图板默认的是 90,可以保证绘制水平或铅直线。

建议增量角设置为 15,这样可以追踪到 30°、45°、60°、90°等角度方向,是机械绘图用得最多的角度方向。

●【附加角】是使用列表中的一个角度作为附加的极轴导航角度,可以添加或删除。

●【极轴角测量方式】有两个选项:【绝对】表示始终以水平向右方向为 0°测量极角;而【相对上一段】则表示以上一段线段方向为 0°进行测量。两种情况的比较如图 2-27 所示。

图 2-26　极轴导航示例　　　　　　　图 2-27　两种极轴角测量方式的比较

2.5.2　特征点导航

1. 特征点导航的概念

极轴导航是以当前点为极坐标原点追踪极轴方向,而特征点导航是以光标捕捉到的其他几何特征点为极坐标原点追踪极轴方向。因此,特征点导航必须与对象捕捉一起使用。

特征点导航的操作过程是:开启特征点导航和对象捕捉,当命令行提示输入点时,移动光标到特定的几何点上停留片刻(但不要拾取该点),电子图板会在该点显示点的特征标志的同时,在其中心显示一个小"＋"号,表示该点成为导航源。这时再相对于该特征点沿设定的追踪方向移动光标,电子图板会自该特征点自动产生一条追踪线,如图 2-28 所示。这时用鼠标拾取一点,则该点必位于这条追踪线上。

图 2-28　特征点导航示例

2. 特征点导航的设置

在图 2-25 所示的【智能点工具设置】对话框的【极轴导航】选项卡单击【启用特征点导航】复选框,可以打开或关闭特征点导航。【特征点导航模式】选项区各参数的含义与设置方法如下:

●【导航源激活时间】用来设置特征点上显示导航源符号"＋"前光标停留的时间,默认为 50 ms。

● 单选项【垂直方向导航】控制只追踪与导航源水平或垂直对齐的路径;而单选项【根据极线导航角度导航】则使用和极轴导航同样的追踪角度设置。通常选择【垂直方向导航】。

极轴导航和特征点导航一起使用,给作图带来极大方便。下面以图 2-29(a)中主视图的绘图过程为例,说明使用"对象捕捉"、"极轴导航"和"特征点导航"的方法。

①将状态栏【捕捉设置区】设置为【导航】,并确认当前已开启极轴导航和特征点导航,对象捕捉中设置了"端点"、"交点"捕捉。绘制如图 2-29(b)所示的图形。

②运用特征点导航保证两视图的位置关系。如图 2-29(b)所示,在绘制点 1′时,移动光标到俯视图的 1 点上停留片刻,1 点上显示导航源标志"＋",此时垂直向上移动光标,

可以看到自 1 点出现一条垂直追踪线,选择适当的位置单击鼠标左键,得到 1' 点。

③如图 2-29(c)所示,在绘制 2' 点时,自 1' 点水平向右移动光标,极轴导航产生一条水平追踪线。为使 2' 点与 2 点对正,和绘制 1' 点一样,移动光标至 2 点引出 2 点的特征点追踪线。拾取两条追踪线的交点便获得 2' 点。

④如图 2-29(d)所示,在绘制 3' 点时,自 2' 点垂直向上移动光标,引出极轴追踪线,键入直线的长度 20,即获得 3' 点。

⑤如图 2-29(e)所示,利用 5 点的特征点追踪线和线段 1'2' 的交点得到 5' 点。

⑥如图 2-29(f)所示,利用 5' 点的极轴追踪线和线段 3'4' 的交点得到 6' 点。

其他图线的画图过程从略。

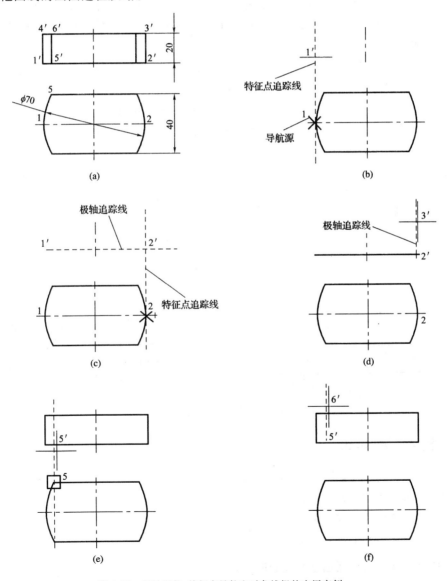

图 2-29 极轴导航、特征点导航和对象捕捉的应用实例

2.5.3　三视图导航

三视图导航功能是导航方式的扩充,其目的在于方便用户确定投影关系,为绘制三视图或多面视图提供一种更方便的导航方式。

用以下方式可以启动【三视图导航】命令:

- 主菜单:【工具】→【三视图导航】;
- 对话框:在【智能点工具设置】对话框的【极轴导航】选项卡选中【启用三视图导航】;
- 命令:guide ✓;
- 功能键:F7。

启动【三视图导航】命令后,分别指定导航线的第一点和第二点,屏幕上画出一条45°或135°的黄色导航线。如果此时系统为导航状态,则系统将以此导航线为视图转换线进行三视图导航。

如果系统当前已有导航线,再次启动【三视图导航】,将删除原导航线。重新启动【三视图导航】,单击鼠标右键将恢复上一次导航线。

三视图导航的功能如图 2-30(a)、(b)所示。其绘图过程如下:

①保证当前捕捉模式处于【导航】状态。使用功能键 F7 启动【三视图导航】命令。按提示绘制出三视图导航线。

②在图 2-30(a)中,绘制 1″点时,移动光标到 1 点,向右引出特征点追踪线至三视图导航线上,然后垂直向上移动光标,此时 1 点的追踪线转而向上追踪。再自 1′引出水平追踪线,两条追踪线的交点,即 1″点。

③在图 2-30(b)中,绘制 2″点时,拾取自 1″点的极轴追踪线与经三视图导航的 2 点追踪线的交点即可。

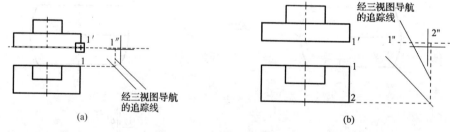

图 2-30　三视图导航绘图实例

2.5.4　点样式

用于设置屏幕上用【点】命令画出的点的显示方式。

用以下方式可以启动【点样式】命令:

- 主菜单:【格式】→【点】;
- 工具栏:【设置工具】→按钮 📝;
- 功能区:【工具】→【选项】→按钮 📝;
- 命令:ddptype ✓。

启动【点样式】命令后,弹出如图 2-31 所示的对话框。

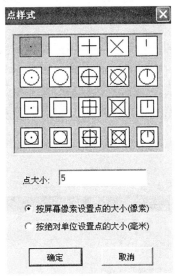

图 2-31　【点样式】对话框

点样式设置包括点的样式与点的大小两部分:

(1)点的样式

提供了 20 种不同点的样式,以适应用户的需求。

(2)点的大小

点的大小分为像素大小与绝对大小两种。像素大小即用像素数表示的大小;绝对大小即为实际点的大小,其单位为毫米。

2.6　样式管理

为便于不同文件之间样式资源共享,电子图板提供了【样式管理】命令,用于集中设置系统的图层、线型、标注样式、文字样式等,并可进行导出、并入、合并、过滤等管理功能。

用以下方式可以启动【样式管理】命令:

● 主菜单:【格式】→【样式管理】;

● 工具栏:【设置工具】→按钮 ;

● 功能区:【常用】→【标注】→按钮 ;

● 命令:type ↙;

● 快捷键:Ctrl+T。

启动【样式管理】命令后,弹出如图 2-32 所示的对话框。

在【样式管理】对话框中可以设置各种样式的参数,也可以对所有的样式进行导入、导出等管理操作。

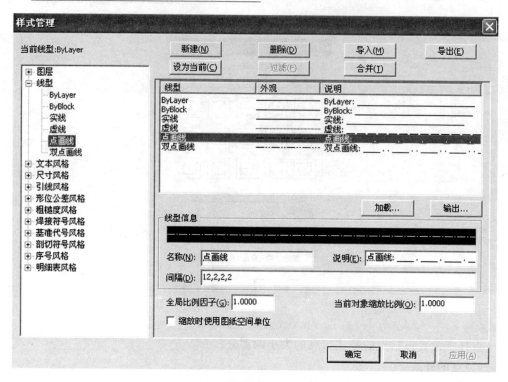

图 2-32 【样式管理】对话框

2.6.1 参数设置

启动【样式管理】命令后,在图 2-32 所示的对话框内左侧为所有样式的列表,选中一个样式后,右侧会出现该样式的状态,例如选中【图层】后的结果如图 2-33 所示。

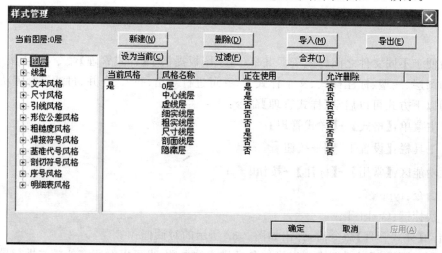

图 2-33 图层样式状态

在该对话框直接双击【图层】或者单击尺寸样式左侧的"+"后选中任意一个图层,均可以打开【层设置】对话框,设置方法与 2.3.2 节介绍的关于图层的设置方法相同。

2.6.2 管理样式

管理样式包括对各种样式进行导入、导出、过滤、合并等操作,通过这些操作,可以方便地实现不同文件之间样式资源共享。

1. 样式导入

通过此命令可以将已经保存的模板或图形文件中的风格导入到当前的图形中。

在【样式管理】对话框中单击【导入】按钮,弹出如图 2-34 所示的对话框。

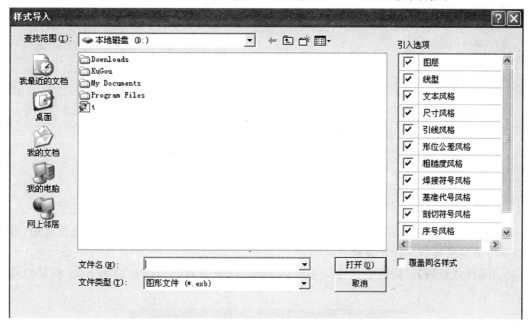

图 2-34 【样式导入】对话框

单击【文件类型】后的下拉箭头,在打开的【文件类型】下拉列表中选择图形文件或模板文件,然后选择要从中导入风格的图形文件或模板文件。

选择【引入选项】下各种样式的复选框来确定要导入的样式类别,并设置导入样式后是否覆盖同名的样式。选择完毕后单击【打开】按钮完成风格导入。

2. 样式导出

通过此命令可以将当前系统中的风格导出为模板文件或图形文件。

保存为图形文件:存为包含当前风格与设置的一个空文档,将其存放在一个位置,下次直接运行即可采用保存的风格进行绘图。

保存为模板文件后,将其复制到电子图板的安装目录下的 support 文件夹下面对应的语言版本文件夹下,新建电子图板文件时即可使用此模板。

在【样式管理】对话框中单击【导出】按钮,弹出如图 2-35 所示的对话框。

选择【保存类型】为图形文件或模板文件,输入要保存的文件名并指定保存路径后单击【保存】按钮即可。

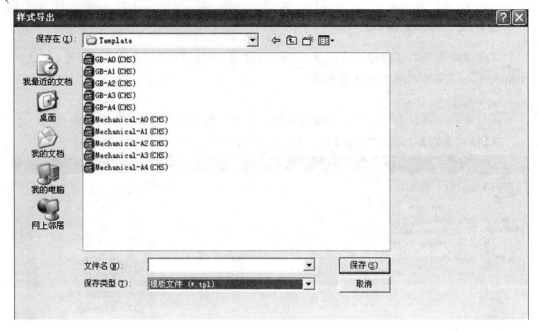

图 2-35　【样式导出】对话框

3. 样式合并

通过样式合并,将使用一种样式的对象改为使用另外一种样式。这一操作很有用,可以很方便地实现统一样式或样式匹配。

在【样式管理】对话框中选中一种样式后单击【合并】按钮,弹出如图 2-36 所示的对话框。

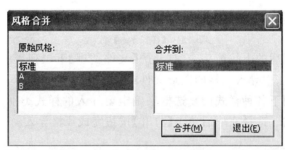

图 2-36　【风格合并】对话框

在对话框的【原始风格】列表中选取被取代的样式风格(按住 Shift 键可以同时选取多个),在【合并到】列表中选择一个目标风格,然后单击【合并】按钮回到【样式管理】对话框,再将目标样式风格设置为当前风格,单击【确定】按钮退出【样式管理】对话框即完成样式合并操作。图上使用被替代的原始风格的对象转变为目标风格的对象。

如图 2-37(a)中的尺寸是使用名称为【标准】的尺寸样式标注的。今欲将这些尺寸对象转换为【A】样式的对象。假设样式【A】与【标准】的区别是其度量比例为【标准】的一半。运用样式合并操作将原始风格【标准】合并到目标样式【A】后,图上尺寸的变化如图 2-37(b)所示,数值全部减半了。

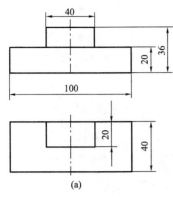
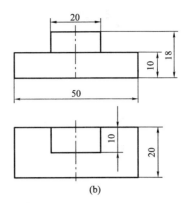

图 2-37　尺寸样式合并实例

4. 样式过滤

通过样式过滤,把系统中未被引用的样式过滤出来。

在【样式管理】对话框中选中一个样式,然后单击【过滤】按钮,对话框的右侧将列出对应样式中未被引用的所有样式。单击【删除】按钮,进行删除操作,这样通过一次操作就可以把不使用的风格快速地删除掉了。

2.7　图纸幅面

电子图板可以快速设置图纸尺寸、调入图框、标题栏、参数栏、填写图纸属性信息。

2.7.1　图幅设置

通过图纸幅面设置为一个图纸指定图纸尺寸、绘图比例、图纸方向等参数,还可以调入图框和标题栏、设置零件序号、明细表样式等。

国家标准规定了五种基本图幅,并分别用 A0、A1、A2、A3、A4 表示。电子图板除设置了这五种基本图幅以及相应的图框、标题栏和明细表外,还允许自定义图幅和图框。

用以下方式可以启动【图幅设置】命令:

- 主菜单:【幅面】→【图幅设置】;
- 工具栏:【图幅】→按钮 ▣;
- 功能区:【图幅】→【图幅】→按钮 ▣;
- 命令:setup ↙。

启动【图幅设置】命令后,弹出如图 2-38 所示的对话框。

其中的主要选项及其操作如下:

1. 图纸幅面

在【图纸幅面】下拉列表中有从【A0】到【A4】标准图纸幅面和【用户自定义】选项可供选择。当选择【用户自定义】选项时,【宽度】和【高度】输入框可用,在此可以输入图纸幅面的宽度值和高度值。

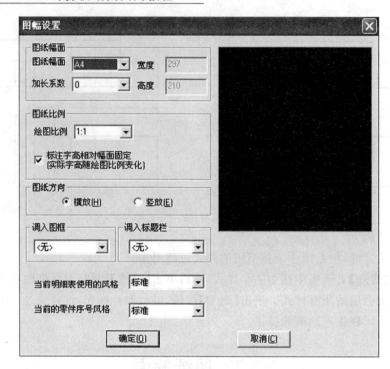

图 2-38 【图幅设置】对话框

2.图纸比例及图纸上标注字高控制

电子图板在【图幅设置】对话框中所确定的是图纸比例而不是绘图比例,绘图永远是按 1:1 绘制的。当选择 1:2 图纸比例画 A3 幅面的图时,电子图板实际上是插入了一个两倍于 A3 幅面的图框,而图仍按 1:1 绘制。打印时选择 1:1 的打印比例打印 A3 幅面,电子图板会自动将图框缩成 A3 幅面实际大小打印出图,其结果图形便缩小了一半,从而获得了 1:2 的绘图比例。

这样处理图纸比例和绘图比例的关系便引发了这样的问题,即按非 1:1 打印出图时,图形需要按比例的倒数缩放,但图上的文字和各种符号标注却要遵守国家标准字号要求,不能随意放大或缩小,例如图上尺寸标注一般采用 3.5 号字或 5 号字。为此电子图板在【图纸比例】选项区设置了一个标注字高处理选项。如果勾选了【标注字高相对幅面固定】选项,则在绘图过程中,电子图板会用当前样式规定的字高和图纸比例的倒数之积作为实际标注字高进行标注,以保证按打印出图后的文字高度不随图纸比例变化。

在【绘图比例】下拉列表中列出了国标规定的比例系列值。选中某一项后,所选的值在【绘图比例】输入框中显示。用户也可以由键盘直接输入新的比例数值。系统绘图比例的默认值为 1:1。

注意:电子图板的文字和标注命令在书写和标注时所用的实际高度是当前样式设置的高度与当前绘图比例的倒数之积。如图 2-39 所示,图形左右两侧对应符号文字所采用的样式完全相同,左侧是在绘图比例 1:1 下绘制的;而右侧则是在绘图比例 1:1.5 下绘制的。故如果图上的标注是在不同图纸比例下完成的,要注意对标注文字和符号进行适当的调整,以获得统一的标注效果。

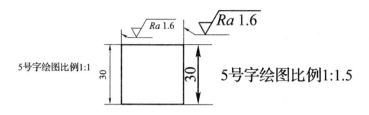

图 2-39　电子图板字高与当前绘图比例的关系

3．调入图框

在【调入图框】下拉列表中选中某一项后，所选图框会自动在右侧预显框中显示出来。

4．调入标题栏

在【调入标题栏】下拉列表中选中某一项后，所选标题栏会自动在右侧预显框中显示出来。

5．明细表样式、零件序号样式设置

在对应的下拉列表中可选择当前图纸的明细表样式和零件序号样式，此略。

2.7.2　调入图框

电子图板的图框功能包括图框的调入、定义、存储、填写和编辑等几个部分。其中调入图框是最常用的图框操作。

电子图板的图框尺寸可随图纸幅面大小的变化而作相应的比例调整。比例变化的原点为标题栏的插入点。一般来说，标题栏的插入点位于标题栏的右下角。

除了在【图幅设置】对话框中调入图框外，也可以直接执行【调入图框】命令。

用以下方式可以启动【调入图框】命令：

● 主菜单：【幅面】→【调入图框】；

● 工具栏：【图框】→按钮 ；

● 功能区：【图幅】→【图框】→按钮 ；

● 命令：frmload↙。

启动【调入图框】命令后，弹出如图 2-40 所示的对话框。

图 2-40　【读入图框文件】对话框

对话框中列出了路径 CAXA DRAFT MECHANICAL\2009\804\Template 下的符合当前图纸幅面的标准图框或非标准图框的文件名。用户可根据当前作图需要从中选取。

选中图框文件,单击【确定】按钮,即可调入所选取的图框文件。

2.7.3 标题栏设置

电子图板的标题栏功能包括标题栏的调入、定义、存储、填写和编辑几个部分。这里仅介绍调入和填写标题栏操作。

1. 调入标题栏

如果屏幕上已有一个标题栏,则新标题栏将替代原标题栏,标题栏调入时的定位点为其右下角点。

除了在【图幅设置】对话框中调入标题栏外,也可以直接执行【调入标题栏】命令。

用以下方式可以启动【调入标题栏】命令:

● 主菜单:【幅面】→【调入标题栏】;

● 工具栏:【标题栏】→按钮 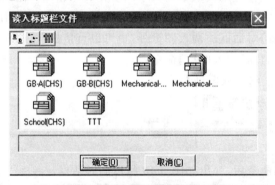;

● 功能区:【图幅】→【标题栏】→按钮 ;

● 命令:headload ↙。

启动【调入标题栏】命令后,弹出如图 2-41 所示的对话框。

图 2-41 【读入标题栏文件】对话框

对话框中列出了已有标题栏的文件名。选取其中之一,然后单击【确定】按钮,一个由所选文件确定的标题栏显示在图框的标题栏定位点处。

2. 填写标题栏

用以下方式可以启动【填写标题栏】命令:

● 主菜单:【幅面】→【填写标题栏】;

● 工具栏:【标题栏】→按钮 ;

● 功能区:【图幅】→【标题栏】→按钮 ;

● 命令:headerfill ↙。

启动【填写标题栏】命令后并拾取可以填写的标题栏,将弹出如图 2-42 所示的对话框。

图 2-42　【填写标题栏】对话框

在【属性编辑】选项卡的【属性名称】后面的【属性值】单元格处直接进行填写编辑即可。

如果勾选【自动填写图框上的对应属性】复选框,可以自动填写图框中与标题栏相同字段的属性信息。

第3章

实用绘图与编辑操作

电子图板提供了丰富的绘图命令用于创建各类图形对象,也提供了灵活多样的修改命令方便图形编辑和处理。本章从机械制图实用角度出发,介绍电子图板的实用绘图和图形编辑命令。

3.1　曲线绘制

CAXA 电子图板的曲线绘制命令可以通过以下方式来启动:

- 主菜单:【绘图】;
- 功能区:【常用】→【基本绘图】、【高级绘图】;
- 工具栏:【绘图工具】、【绘图工具 II】;
- 键盘命令或快捷键。

曲线绘制命令启动方式如图 3-1 和图 3-2 所示。

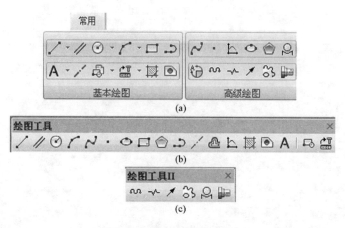

图 3-1　曲线绘制命令启动方式

图 3-2 　【绘图】主菜单

3.1.1　基本曲线绘制

基本曲线包括直线、平行线、圆、圆弧、矩形、多段线、剖面线、中心线、等距线和填充。

1. 直线

CAXA 电子图板提供了两点线、角度线、角等分线、切线/法线和等分线等五种直线生成方式,可在启动【直线】命令后,通过命令的立即菜单来选择和设置其参数。此外,每种直线还有对应的命令按钮,可以单独执行,以便提高绘图效率。如图 3-3 所示。

(1)两点线

两点线立即菜单如图 3-4 所示。

单击立即菜单【连续】选项,则该项内容由【连续】变为【单个】,其中【连续】表示每个直线段相互连接,上一个直线段的终点为下一个直线段的起点,而【单个】是指每次绘制的直线段相互独立,互不相关。

【例 3-1】　绘制如图 3-5 所示的图形。

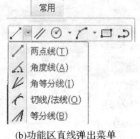

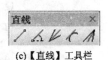

(a)直线立即菜单　　　　(b)功能区直线弹出菜单　　　　(c)【直线】工具栏

图 3-3　直线生成方式选择

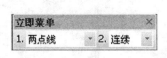

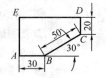

图 3-4　两点线立即菜单　　　　图 3-5　两点线绘图实例

绘图过程如下：

设置状态栏的捕捉模式为【导航】，并设置极轴导航【增量角】为 30。

命令：

启动执行命令："直线"

第一点(切点，垂足点)：　　　　　　　(单击一点指定点 A)

第二点(切点，垂足点)：30↙　　　　　(向右移动光标引出极轴追踪线，键入 30 得点 B)

第二点(切点，垂足点)：50↙　　　　　(移动光标引出 30°极轴追踪线，键入 50 得点 C 或开启【动态输入】，键入角度线长 50，如图 3-6(a)所示)

第二点(切点，垂足点)：20↙　　　　　(得点 D)

第二点(切点，垂足点)：　　　　　　　(利用极轴导航和特征点导航拾取点 E，如图 3-6 (b)所示)

第二点(切点，垂足点)：　　　　　　　(捕捉端点 A 完成绘图)

第二点(切点，垂足点)：↙　　　　　　(回车结束命令)

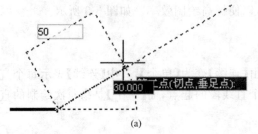

(a)　　　　　　　　　　(b)

图 3-6　绘图要领

(2)角度线

按给定角度、给定长度绘制一条直线段。给定角度是指目标直线与已知直线、X 轴或 Y 轴所成的夹角。

角度线立即菜单如图 3-7 所示。

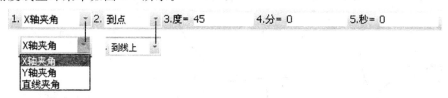

图 3-7　角度线立即菜单及各列表的选项

绘图中角度线可以运用极轴导航方便地绘制,因而使用较少,此处从略。

（3）角等分线

用于按给定参数绘制一个夹角的等分直线。其立即菜单如图 3-8 所示。

图 3-8　角等分线立即菜单

输入等分份数值和等分线长度值,然后根据提示分别拾取第一、第二条直线,便可绘出已知角的角等分线。

如图 3-9 所示为将 60°的角等分为 3 份,等分线长度为 100 的绘制示例。

图 3-9　角等分线示例

（4）切线/法线

用于过给定点作已知曲线的切线或法线。其立即菜单如图 3-10 所示。

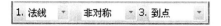

图 3-10　切线/法线立即菜单

选择【法线】,将画出一条与已知直线相垂直的直线;选择【切线】,则画出一条与已知直线相平行的直线。其中选项【2】选择【对称】可使生成的法线或切线始终以第一点为中点;而选择【非对称】则以第一点为起点,对称与非对称画图的比较如图 3-11 所示。

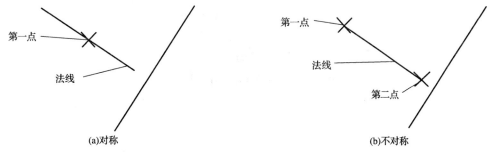

图 3-11　直线的法线

选择法线的【对称】方式可以很容易地绘制一条曲线的中垂线,如图 3-12 所示。图 3-13 所示为过曲线端点的曲线法线和切线。

（5）等分线

用于按两条线段之间的距离 n 等分绘制直线。其立即菜单如图 3-14 所示。

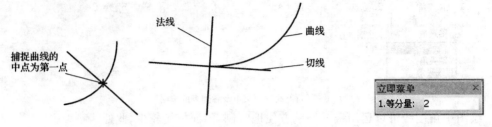

图 3-12　绘制曲线的中垂线　　　图 3-13　过曲线端点的曲线法线和切线　　　图 3-14　等分线立即菜单

启动【等分线】命令后，拾取符合条件的两条直线段，即可在两条直线段间生成一系列的直线段，这些直线段将两条线之间的部分等分成 n 份。

如图 3-15（a）所示先后拾取两条平行的直线段，【等分量】设为 5，则最后结果如图 3-15（b）所示。

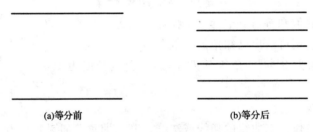

(a)等分前　　　　　　(b)等分后

图 3-15　等分线实例

注意：等分线和角等分线在对具有夹角的直线进行等分时概念是不同的，角等分线是按角度等分，而等分线是按端点连线的距离等分。

2．平行线

用于绘制与已知直线平行的直线段。

启动【平行线】命令后，弹出如图 3-16 所示的立即菜单。

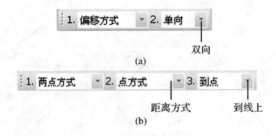

(a)

(b)

图 3-16　平行线立即菜单

立即菜单【1】可以选择【偏移方式】或【两点方式】。在【偏移方式】下【2】可以选择【单向】或【双向】，如图 3-17 所示。

3．圆

启动【圆】命令后，弹出如图 3-18 所示的立即菜单。

（1）圆心_半径：已知圆心和半径画圆。

（2）两点：过圆直径上的两个端点画圆。

（3）三点：过圆周上的三点画圆。如分别捕捉端点和切点，可绘制如图 3-19 所示的两个圆。

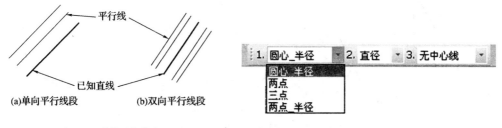

图 3-17   绘制平行线段   图 3-18   圆立即菜单

（4）两点_半径：根据半径和圆周上的两个点画圆。

4．圆弧

启动【圆弧】命令后，弹出如图 3-20 所示的立即菜单。

（1）三点圆弧：通过已知三点绘制圆弧。其中第一点为起点，第三点为终点，第二点决定圆弧的位置和方向。

【例 3-2】   如图 3-21 所示，作与直线相切的圆弧。

 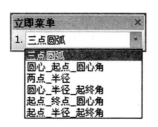 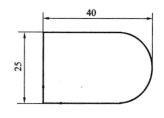

图 3-19   三点圆示例   图 3-20   圆弧立即菜单   图 3-21   三点圆弧示例

①根据长、宽绘制矩形，如图 3-22(a)所示。

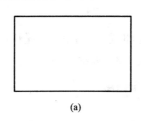 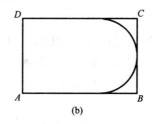

(a)   (b)

图 3-22   三点圆弧绘图过程

②启动【三点圆弧】命令，用捕捉工具点的切点方式，分别拾取矩形的三条边 AB、BC、CD，获得如图 3-22(b)所示的图形。

③修剪多余图线，即得到所需的图形。

（2）两点_半径圆弧

按提示要求输入第一点和第二点后，系统提示又变为"第三点或半径(切点)"。此时随着光标的移动，电子图板将会动态地预显一个圆弧，这个预显圆弧的形状将决定绘图结果。如图 3-23 所示,图 3-23(a)和图 3-23(b)所示圆弧是过同一条直线的两端点,半径均为 25 绘制的。

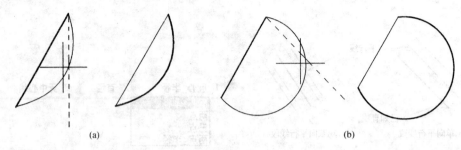

图 3-23　两点半径圆弧的绘图结果与预显圆弧一致

两点_半径圆弧命令常用于绘制连接圆弧。

【例 3-3】 绘制如图 3-24 所示两个圆弧。

首先绘制出如图 3-25 所示的图形,然后启动【两点_半径圆弧】命令,当系统提示指定第一点、第二点时,通过右键工具点菜单选择切点,靠近切点位置分别拾取两圆。然后当提示【指定第三点或输入半径】时移动光标直至预显所需形状的圆弧,再输入半径值,即完成连接圆弧的绘制。

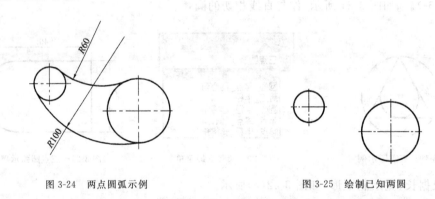

图 3-24　两点圆弧示例　　　　　　　　图 3-25　绘制已知两圆

5. 矩形

绘制矩形有两种方式:【两角点】方式与【长度和宽度】方式。在【长度和宽度】方式中还可选择矩形的定位方式。它们的立即菜单如图 3-26 所示。

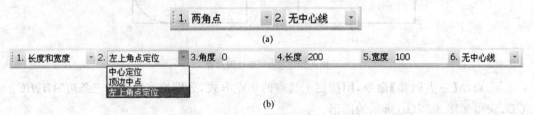

图 3-26　矩形两种绘图方式的立即菜单

用【矩形】命令绘制的矩形是一条封闭的多段线,即是单个图形对象。

6. 多段线

多段线是作为单个对象创建的相互连接的线段序列。单击【多段线】命令按钮 或键入 pline 命令,弹出其立即菜单如图 3-27 所示。

| 1. 直线 ▼ | 2. 不封闭 ▼ | 3.起始宽度 0 | 4.终止宽度 0 |

图 3-27　多段线立即菜单

在立即菜单中的选项【1】可以选择【直线】或【圆弧】,选项【2】可以选择【封闭】或【不封闭】。在多段线画图过程中,直线段和圆弧线段可以连续组合生成,可以设置不同的起始宽度和终止宽度,绘制出如图 3-28所示的线型。

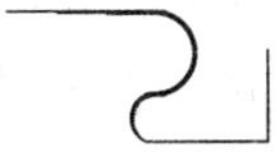

图 3-28　多段线示例

7.剖面线

用以使用填充图案对封闭区域或选定对象进行填充,生成剖面线。

单击【剖面线】命令按钮 ,或键入 hatch 命令,弹出如图 3-29 所示的立即菜单。

| 1. 拾取点 ▼ | 2. 不选择剖面图案 ▼ | 3.比例: 3 | 4.角度 45 | 5.间距错开: 0 |

图 3-29　剖面线立即菜单

生成剖面线的方式分为【拾取点】和【拾取边界】两种方式。

(1)拾取点绘制剖面线

指定填充区域内一点,系统会自动搜索包括指定点的最小封闭区域作为填充区域进行填充。如果不能找到封闭区域,则提示出错,再提示指定环内一点。

①如果在剖面线立即菜单中选择了【2.不选择剖面图案】,则根据后面选项定义的参数直接完成图案填充。其中,【3. 比例】决定图案间距;【4.角度】指定一组平行线的倾斜方向;【5.间距错开】决定图案绘图原点,一般无需考虑。但当需要相邻的填充图案彼此错开,如剖中剖的图案填充,就要选择适当的间距错开值,如图 3-30 所示。

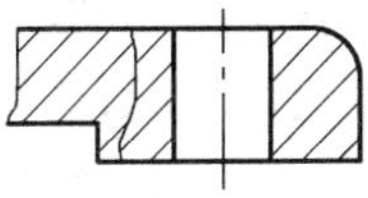

图 3-30　剖中剖图案填充控制示例

②如果在剖面线立即菜单中选择了【2.选择剖面图案】,将弹出如图 3-31 所示的对话框。

图 3-31　【剖面图案】对话框

在此对话框中选择需要的图案，设置剖面线的比例、旋转角、间距错开等参数。单击【确定】按钮后用鼠标左键拾取封闭环内的一点，系统将搜索到的封闭环各条曲线变为红色，可以同时选择多处填充区域，选择完成后单击鼠标右键确认即完成图案填充。

拾取点绘制剖面线的方法操作简单、方便、迅速，适合应用于各式各样的封闭区域。

图 3-32 给出了拾取点与图案填充区域的关系。

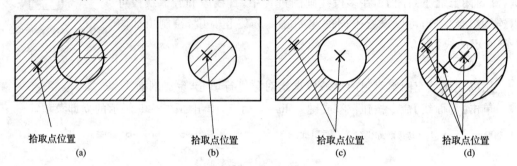

图 3-32　拾取点与图案填充区域的关系

（2）拾取边界绘制剖面线

根据拾取到的曲线构造封闭环，实现填充。如果拾取到的曲线不能构造互不相交的封闭环，则操作无效。边界可以用窗口方式拾取。

图 3-33 给出了拾取边界法画剖面线时对边界的要求。其中图 3-33(a)表明边界可以不首尾相接。图 3-33(b)和图 3-33(c)都是无效边界。因两种情况都存在封闭边界与另外边界相交的情况，这种情况只能使用拾取点方式填充。

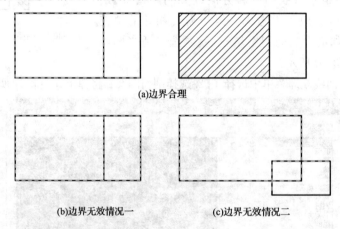

图 3-33　拾取边界填充时对边界的要求示例

8.中心线

如果拾取一个圆、圆弧或椭圆，则直接生成一对相互正交的中心线。如果拾取两条相互平行或非平行线（如锥体），则生成这两条直线的中心线。

单击【中心线】命令按钮 或键入 centerl 命令，弹出如图 3-34 所示的立即菜单。

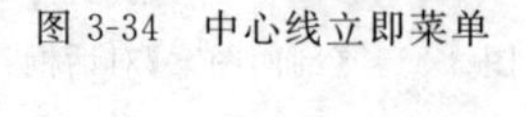

1.延伸长度　3

图 3-34　中心线立即菜单

这里的【延伸长度】是指中心线超过轮廓线的长度,如图 3-35 所示。

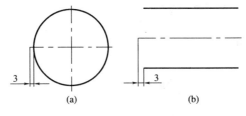

(a)　　　　　　　　　　　(b)

图 3-35　延伸长度的意义

9. 等距线

用以绘制给定曲线的等距线。可以生成等距线的对象有:直线、圆弧、圆、椭圆、多段线、样条曲线。

单击功能区【常用】选项卡【修改】面板的【等距线】命令按钮 或键入 offset 命令,弹出如图3-36所示的立即菜单。

| 1. 单个拾取 ▼ | 2. 指定距离 ▼ | 3. 单向 ▼ | 4. 空心 ▼ | 5.距离 2 | 6.份数 1 |

图 3-36　等距线立即菜单

(1)选项【1】可以选择【单个拾取】或【链拾取】:若选择【单个拾取】,则只拾取一个元素;若选择【链拾取】,则拾取首尾相连的元素。

(2)选项【2】可以选择【指定距离】或者【过点方式】:【指定距离】方式是选择箭头方向确定等距方向,按给定距离的数值来确定等距线的位置;【过点方式】是过已知点绘制等距线。默认方式为【指定距离】。

(3)选项【3】可以选择【单向】或【双向】:【单向】是只在直线一侧绘制等距线;而【双向】是在直线两侧均绘制等距线。

(4)选项【4】可以选择【空心】或【实心】:【实心】是指原曲线与等距线之间进行填充,而【空心】方式只画等距线,不进行填充。

(5)【5:距离】选项:可输入等距线与原直线的距离。

(6)【6:份数】选项:可输入所需等距线的份数,默认为 1。

如图 3-37 所示为等距线示例。

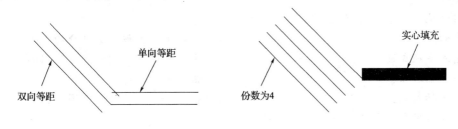

图 3-37　等距线示例

10. 填充

对封闭区域的内部进行实心填充。

单击功能区【常用】选项卡【基本绘图】面板的【填充】命令按钮 或键入 solid 命令,将启动【填充】命令,这时按照命令提示,用鼠标左键拾取要填充的封闭区域内任意一点,拾取完成后单击鼠标左键,即可完成填充操作。填充操作示例如图 3-38 所示。

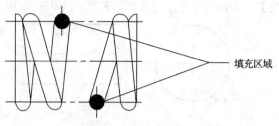

图 3-38　填充操作示例

3.1.2　高级曲线绘制

高级曲线包括样条、点、公式曲线、椭圆、正多边形、圆弧拟合样条、局部放大图、波浪线、双折线、箭头、齿轮、孔/轴。

高级曲线是指由基本元素组成的一些特定的图形或特定的曲线。这些曲线都能完成绘图设计的某种特殊要求。本节只介绍局部放大图、箭头和轴/孔三个命令。

1.局部放大图

按照给定参数生成对局部图形进行放大的视图。

单击按钮 或键入 enlarge 命令,将弹出局部放大图立即菜单,如图 3-39 所示。

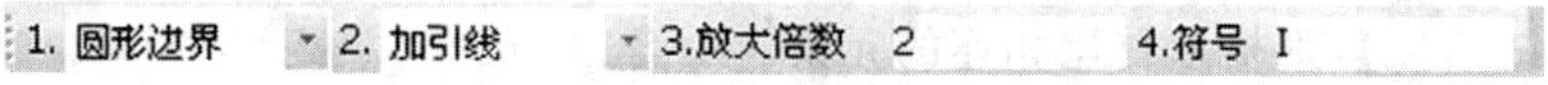

| 1. 圆形边界 | ▼ | 2. 加引线 | ▼ | 3.放大倍数 2 | 4.符号 I |

图 3-39　局部放大图立即菜单

如图 3-40 所示,【局部放大图】命令的执行过程如下:

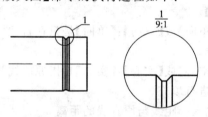

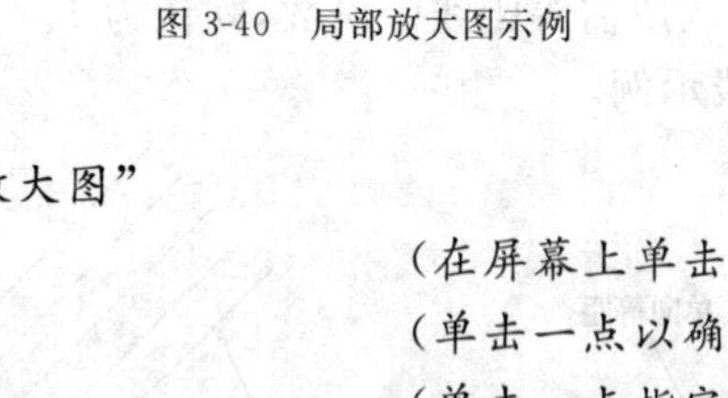

图 3-40　局部放大图示例

命令:

启动执行命令:"局部放大图"

中心点:　　　　　　　　　　　　　　(在屏幕上单击被放大部分的中心点)

输入半径或圆上一点:　　　　　　　　(单击一点以确定被放大部位圆的大小)

符号插入点:　　　　　　　　　　　　(单击一点指定符号的位置)

实体插入点:　　　　　　　　　　　　(单击一点指定局部放大图的位置)

输入角度或由屏幕上确定:<-360,360> 0↙

　　　　　　　　　　　　　　　　　　(输入局部放大图的旋转角度)

符号插入点:　　　　　　　　　　　　(单击局部放大图上方一点放置旋转符号)

2.箭头

用于在直线、圆弧、样条或某一点处,按指定的正方向或反方向绘制一个实心箭头。

单击按钮 或键入 arrow 命令,启动【箭头】命令。箭头有正方向和反方向之分,其方向定义如下:

直线：当箭头指向与 X 轴正半轴的夹角大于等于 0°、小于 180° 时为正方向，大于等于 180°、小于 360° 时为反方向。

圆弧：逆时针方向为箭头的正方向，顺时针方向为箭头的反方向。

样条：样条线的绘图方向为箭头的正方向，样条线的绘图逆方向为箭头的反方向。

指定点（孤立点或图线上的特征点）：远离指定点的方向为箭头正方向；指向指定点的方向为箭头反方向。

箭头示例如图 3-41 所示。

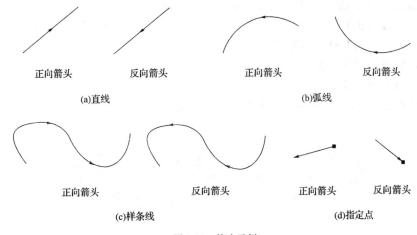

图 3-41　箭头示例

3.孔/轴

用于在给定位置画出带有中心线的孔/轴或画出带有中心线的圆锥孔/圆锥轴。

单击按钮 或键入 hole 命令，弹出孔/轴命令的立即菜单，如图 3-42 所示。

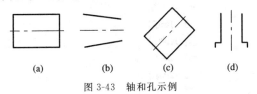

图 3-42　孔/轴命令的立即菜单

单击立即菜单第一项，则可进行【轴】和【孔】的切换。不论是画轴还是画孔，剩下的操作方法完全相同。轴与孔的区别只是在于在画孔时省略两端的端面线，如图 3-43 所示。

图 3-43　轴和孔示例

3.2　图形编辑

电子图板的编辑修改功能包括基本编辑、图形编辑和属性编辑三个方面。基本编辑主要是一些常用的编辑功能，例如复制、剪切和粘贴等；图形编辑是对各种图形对象进行平移、裁剪、旋转等操作；属性编辑是对各种图形对象进行图层、线型、颜色等属性的修改。

基本编辑对应系统主菜单上【编辑】菜单，是在 Windows 平台上使用的所有应用软件共有的功能，在此处从略。这里只介绍图形编辑和属性编辑操作。

3.2.1 图形编辑命令

图形编辑主要是对电子图板生成的图形对象,例如曲线、块、文字、标注等进行编辑操作。

几乎每一个修改命令都离不开拾取对象操作。通常是先启动编辑命令,按系统提示拾取操作对象。电子图板允许先选择对象,后启动命令,这时,系统不再提示拾取对象而直接对事先构造的选择集进行操作。

图形编辑的每个功能都可以通过以下方式来启动:
- 主菜单:【编辑】;
- 功能区:【常用】→【修改】;
- 工具栏:【编辑工具】;
- 键盘命令或快捷键。

电子图板图形编辑命令启动方式如图 3-44 所示。

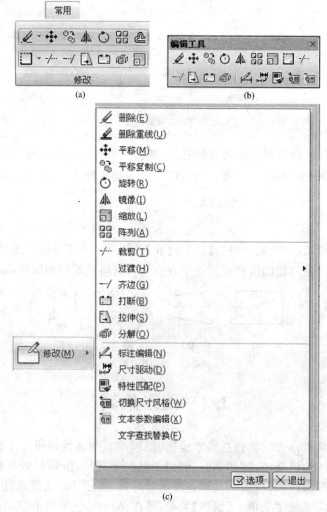

图 3-44　电子图板图形编辑命令启动方式

大部分编辑命令意义明显,根据系统提示即可操作。这里只介绍那些使用普遍、需要一定操作说明的命令。

1.删除重线

将完全重合或包含于所选图形的图素全部删除。此命令只对直线、圆、圆弧、椭圆这几个特定的图素对象有效,并且要删除的对象是完全重合或包含于剩余对象的。如图3-45所示。

单击按钮 🖊 或键入 eraseline 命令,即可启动【删除重线】命令,然后拾取要删除图形中的图素,经确认符合条件的图素被删除掉。

     (a)   (b)

图 3-45 重线

2.平移

该命令不但可以将选定的对象从一个位置移动到另一个位置,还可以在移动的同时对对象进行旋转和缩放。

单击按钮 ✛ 或键入 move 命令,将弹出平移命令的立即菜单,如图3-46 所示。

| 1.给定偏移 ▾ | 2.保持原态 ▾ | 3.旋转角 0 | 4.比例:1 |

图 3-46 平移命令的立即菜单

菜单参数说明如下:

(1)偏移方式:【给定两点】或【给定偏移】。给定两点是指通过两点的定位方式完成图形移动;给定偏移是用给定偏移量的方式进行平移。

给定两点与给定偏移的区别在于:

● 给定两点方式:拾取图形后,通过键盘输入或鼠标单击确定第一点和第二点位置,完成平移操作。

● 给定偏移方式:拾取图形后,输入【X 和 Y 方向偏移量或位置点】,即按平移量完成平移操作。

(2)图形状态:将图素移动到一个指定位置上,可根据需要在立即菜单【2】中选择【保持原态】或【平移为块】。

(3)旋转角:图形在进行平移时,允许指定图形的旋转角度。

(4)比例:进行平移操作之前,允许用户指定被平移图形的缩放系数。

3.平移复制

以指定的角度和方向复制拾取的图形对象。该命令不但可以实现连续的简单复制,还可以根据给定的份数实现连续的单行阵列,在复制过程中根据设定的角度操作对象可以自身旋转。

单击按钮 或键入 copy 命令,将弹出平移复制命令的立即菜单,如图 3-47 所示。

| 1. 给定偏移 ▼ | 2. 保持原态 ▼ | 3. 旋转角 45 | 4. 比例: 1 | 5. 份数 3 |

图 3-47 平移复制命令的立即菜单

如果立即菜单中的份数值大于 1 ,则系统按基准点和目标点之间所确定的偏移量和方向,朝着目标点方向安排若干个被复制的图形,从而产生等距分布的一串相同对象。【平移复制】命令可连续执行,直至单击鼠标右键或按下 Esc 键退出命令。

4.裁剪

裁剪对象,使它们精确地终止于由其他对象定义的边界。

单击按钮 -/--- 或键入 trim 命令,将弹出裁剪命令的立即菜单,如图 3-48 所示。

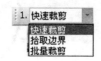

1. 快速裁剪 ▼
快速裁剪
拾取边界
批量裁剪

图 3-48 裁剪命令的立即菜单及其执行方式选项

电子图板中的裁剪操作分为快速裁剪、拾取边界裁剪和批量裁剪等三种方式。

(1)快速裁剪:用鼠标直接拾取被裁剪曲线的裁剪侧,系统将自拾取点沿着该曲线向两侧搜索,将找到的第一个与其他曲线的交点认定为剪断点,并实施裁剪操作,如图 3-49 所示。

拾取位置　　　　　　　　　　　　　　　　　　拾取位置

拾取操作　　　　　　操作结果　　　　　　　　拾取操作　　　　　　操作结果
(a)　　　　　　　　　　　　　　　　　　(b)

图 3-49 快速裁剪

快速裁剪时,允许用户在各交叉曲线中进行任意裁剪的操作。其操作方法是直接用鼠标拾取线段的被裁剪侧,系统自动确定出裁剪边界,将被拾取的线段裁剪掉。

快速裁剪在相交较简单的边界情况下可发挥巨大的优势,它操作方便、直观,是使用较多的裁剪方式。

(2)拾取边界裁剪:拾取剪刀线,构成裁剪边界,对一系列被裁剪的曲线进行裁剪。系统将裁剪掉被裁剪段段的拾取侧。另外,剪刀线也可以被裁剪。如图 3-50 所示。

拾取边界裁剪的操作步骤是:

①启动【裁剪】命令并通过立即菜单选择【拾取边界】。

②按提示要求,用鼠标拾取一条或多条曲线作为剪刀线,然后单击鼠标右键,以示确认。

③按提示拾取要裁剪的曲线。用鼠标拾取要裁剪的曲线,系统将裁剪掉拾取的曲线

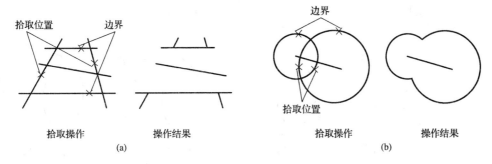

图 3-50　拾取边界裁剪

段至边界部分,保留边界另一侧的部分。

(3)批量裁减:以一条曲线串为边界,对多条与边界相交的曲线进行裁剪,被裁剪曲线可以用窗口方式拾取。如图 3-51 所示。

图 3-51　批量裁剪

批量裁剪的操作步骤是:

①启动【裁剪】命令并通过立即菜单选择【批量裁剪】。

②按提示要求,拾取一条曲线作为剪刀线,如果所拾取的曲线与其他曲线构成首尾相接的线串,则线串被自动链拾取为边界,紧接着,系统提示拾取要裁剪的曲线,可用所有的对象选择方法拾取对象,拾取结束单击鼠标右键。

③系统在边界上显示一个双向箭头,提示拾取要裁剪的方向。用鼠标左键单击要裁剪侧,裁剪完成。

5.齐边

以一条曲线为边界对一系列曲线进行裁剪或延伸。

如果拾取的曲线与边界曲线有交点,则系统按【裁剪】命令进行操作,系统将裁剪所拾取的曲线至边界为止。如果拾取的曲线与边界曲线没有交点,那么,系统将把曲线按其本身的趋势(如直线的方向、圆弧的圆心和半径均不发生改变)延伸至边界。曲线只能延伸拾取端,不能两端同时延伸。如图 3-52 所示。

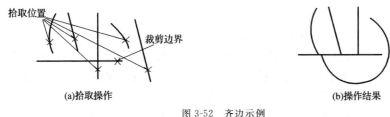

图 3-52　齐边示例

对于圆或圆弧,它们的延伸范围是以半径为限的,所以可能操作无效,如图 3-53 所示。

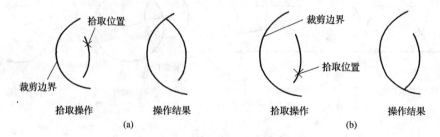

拾取位置
裁剪边界
拾取操作   操作结果
(a)

裁剪边界
拾取位置
拾取操作   操作结果
(b)

图 3-53　圆弧的齐边示例

单击按钮 ▬▬/ 或键入 edge 命令,即启动【齐边】命令。命令启动后按提示拾取剪刀线作为边界,则提示改为【拾取要编辑的曲线】,再拾取一系列曲线进行编辑修改。

6. 过渡

修改对象,使其以圆角、倒角等方式连接。

过渡操作分为圆角、多圆角、倒角、外倒角、内倒角、多倒角和尖角等多种方式。可通过立即菜单进行选择。

单击按钮 ▢ 或键入 corner 命令,即弹出过渡命令的立即菜单,如图 3-54 所示。

图 3-54　过渡命令的立即菜单及其执行方式选项

(1)圆角:在两条曲线之间用圆角进行光滑过渡。

该命令运用频繁,在对两条曲线圆角过渡操作中,允许设置对两条曲线的裁剪方式,如图 3-55 所示。

图 3-55　圆角方式选项菜单

三种方式的圆角结果如图 3-56 所示。

注意:用鼠标拾取的曲线位置不同,会得到不同的结果,而且,过渡圆角半径的大小应合适,否则也将得不到正确的结果。

(2)多圆角:用给定半径过渡一系列首尾相连的直线段。这一系列首尾相连的直线段可以是封闭的,也可以是不封闭的。拾取时只要拾取线串上一点即可,系统自动搜索线串,完成所有相邻线段之间圆角过渡。如图 3-57 所示。

(3)倒角:在两直线间进行倒角过渡。倒角过渡的立即菜单如图 3-58 所示。

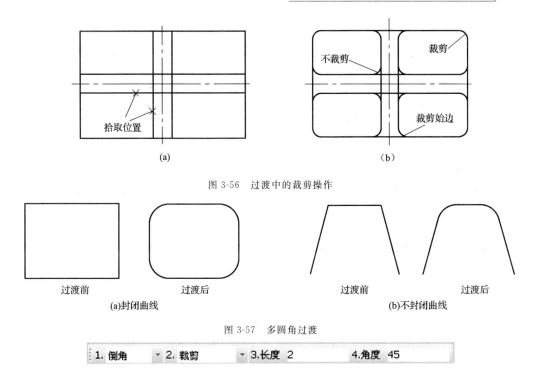

图 3-56　过渡中的裁剪操作

图 3-57　多圆角过渡

图 3-58　倒角过渡的立即菜单

　　其中【长度】是指从两直线的交点开始,沿所拾取的第一条直线方向的长度。【角度】是指倒角线与所拾取第一条直线的夹角,其范围是(0,180)。其定义如图 3-59 所示。

　　倒角过渡的第一边和第二边可以不实际相交,如图 3-60 所示。

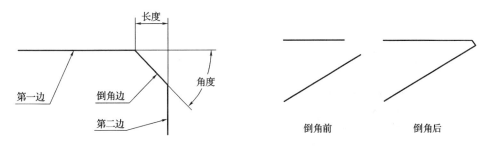

图 3-59　长度和角度的定义

图 3-60　未相交两直线倒角

　　(4)外倒角和内倒角:用于完成轴或孔边界的倒角。操作时系统要求拾取类似图 3-61 所示的三条相互垂直的直线,即直线 a、b 同时垂直于 c,并且在 c 的同侧。

　　外(内)倒角的结果与三条直线拾取的顺序无关,只决定于三条直线的相互垂直关系。

　　图 3-62 所示为阶梯轴倒角的实例,其中既有外倒角,也有内倒角。

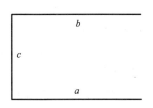

图 3-61　相互垂直的直线

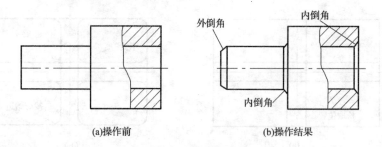

(a)操作前　　　　　　　　　(b)操作结果

图 3-62　阶梯轴倒角的实例

（5）多倒角：倒角过渡一系列首尾相连的直线。命令执行过程与【多圆角】的操作方法十分相似，此略。

（6）尖角：在两条曲线的交点处，形成尖角过渡。两曲线若有交点，则以交点为界，多余部分被裁剪掉；两曲线若无交点，则系统首先计算出两曲线的交点，再将两曲线延伸至交点处，如图 3-63 所示。

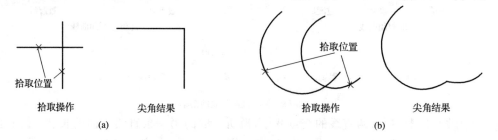

（a）　　　　　　　　　　　　　　　　（b）

图 3-63　尖角实例

注意：鼠标拾取的位置不同，将产生不同的结果。

7.阵列

用以将对象按一定的规律进行多重复制。

单击按钮 或键入 array 命令，可弹出阵列命令的立即菜单，如图 3-64 所示。

| 1. 圆形阵列 | 2. 旋转 | 3. 均布 | 4.份数 4 |

圆形阵列
矩形阵列
曲线阵列

图 3-64　阵列命令的立即菜单 1

阵列的方式有圆形阵列、矩形阵列和曲线阵列三种。

（1）圆形阵列：对拾取到的对象，以某点为圆心进行阵列复制，获得按圆周或圆弧均布的图形排列。

图 3-64 所示立即菜单的含义为按给定份数在整圆上进行阵列，单击【均布】，立即菜单将切换为如图 3-65 所示的情形。均布情形如图 3-66（a）所示。

| 1. 圆形阵列 | 2. 旋转 | 3. 给定夹角 | 4.相邻夹角　30 | 5.阵列填角　120 |

图 3-65　阵列命令的立即菜单 2

此立即菜单的含义为用给定夹角的方式进行圆形阵列。填充范围由参数【阵列填角】指定。阵列填角的含义为从拾取的对象所在位置起，绕中心点逆时针方向转过的夹角，如

图 3-66(b)所示。

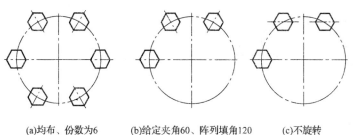

(a)均布、份数为6　　　(b)给定夹角60、阵列填角120　　　(c)不旋转

图 3-66　圆形阵列图例

　　立即菜单的第二个选项在【旋转】和【不旋转】之间切换,其含义如图 3-66(c)所示。对于不旋转的情况,在操作中拾取了选择集后,还要决定基点。基点是阵列时按照指定参数排列的点。

　　(2)矩形阵列:对拾取到的对象按矩形方阵阵列复制。矩形阵列的立即菜单如图3-67所示。

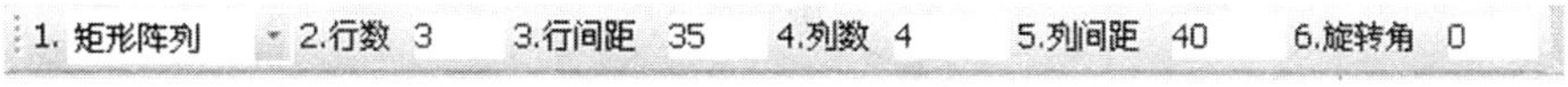

| 1. 矩形阵列 | ▾ 2.行数 3 | 3.行间距 35 | 4.列数 4 | 5.列间距 40 | 6.旋转角 0 |

图 3-67　矩形阵列的立即菜单

立即菜单中各选项的含义如图 3-68 所示。

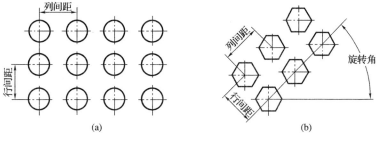

(a)　　　　　　　　　(b)

图 3-68　矩形阵列

　　(3)曲线阵列:在一条或多条首尾相连的曲线上生成均布的图形排列。
曲线阵列的立即菜单如图 3-69 所示。

图 3-69　曲线阵列的立即菜单

　　立即菜单中的母线就是控制阵列的曲线。拾取母线可单个拾取也可链拾取。单个拾取时仅拾取单根母线;链拾取时可拾取多根首尾相连的母线集,也可只拾取单根母线。单根拾取母线时,阵列从母线的端点开始;链拾取母线时,阵列从鼠标单击到的那根曲线的端点开始。图 3-70 所示为旋转和不旋转的曲线阵列实例。

　　注意:当母线不闭合时,母线的两个端点均生成阵列对象。

8. 打断

用于将一条指定曲线在指定点处打断成两条曲线,以便于其他操作。

　　单击按钮 或键入 break 命令,将启动【打断】命令。启动【打断】命令后,按提示用鼠标拾取一条待打断的曲线,该曲线变成红色。之后命令行提示变为【选取打断点】。

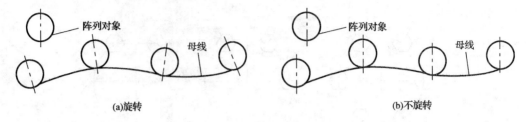

图 3-70　曲线阵列实例

移动鼠标在曲线上单击鼠标左键选取打断点,曲线即被打断。曲线打断前后在屏幕上的显示看不出什么变化。但实际上,原来的一条曲线已经变成了两条互不相干的独立的曲线,如图 3-71(a)所示。

电子图板也允许用户把拾取点设在曲线外,这时打断点是由拾取点向被打断曲线作垂线的垂足,如图 3-71(b)所示。

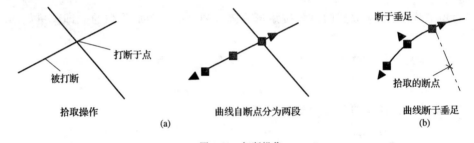

图 3-71　打断操作

9. 拉伸

在保持曲线原有趋势不变的前提下,对曲线或曲线组进行拉伸或缩短处理。

单击按钮 或键入 stretch 命令,即可启动【拉伸】命令。

拉伸分为单条曲线拉伸和曲线组拉伸。

(1)单条曲线拉伸:在保持曲线原有类型不变的前提下,对曲线进行拉伸或缩短处理。其操作过程如下:

①用鼠标在立即菜单中选择【单个拾取】方式。

②按提示要求用鼠标拾取所要拉伸的直线或圆弧的一端,这时曲线随着光标的移动而伸缩,拾取一点,即可实现曲线伸缩改变。这期间命令的立即菜单也变为如图 3-72 所示形态,即曲线的拉伸还可以通过参数控制完成。

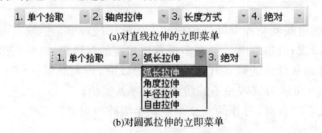

图 3-72　单个拉伸的立即菜单

(2)曲线组拉伸:用窗口拾取操作对象,随着光标的移动只移动曲线位于选择窗口内部的端点,而窗口外部的端点不动。完全位于选择窗口内的对象只发生移动。对于整圆,当拾取窗口与之相交时只发生移动。如图 3-73 所示。

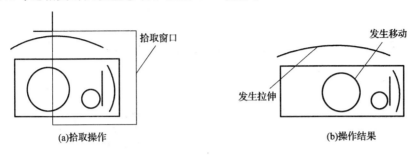

图 3-73　曲线组拉伸

3.2.2　属性编辑

电子图板生成的图形对象都具有各种属性,大多数对象都具有基本属性,例如,图层、颜色、线型、线宽等。这些属性都可以通过图层赋予对象,也可以直接单独指定给对象。

本节主要介绍编辑对象属性的方法,包括使用【特性】选项板、属性工具栏以及特性匹配对对象属性进行编辑。

1.【特性】选项板

【特性】选项板可用于浏览和编辑对象的属性。

属性包括基本属性,适用于多数对象。例如,图层、颜色、线型、线型样式和打印样式等;有些是专属于某个对象的属性。例如,圆的圆心、半径和面积等;直线的端点坐标、长度和角度等;标注对象的标注样式、文字的文字样式、填充图案的填充样式等。

默认情况下,【特性】选项板为开启状态,位于界面左侧的工具选项板区,设置为自动隐藏。

有以下方式打开【特性】选项板:

● 主菜单:【工具】→【特性】;

● 工具栏:【常用工具】→按钮 ;

● 界面元素右键菜单→【特性】;

● 对象右键菜单→【特性】;

● 命令:properties↙。

图 3-74 所示为选中一条直线和无选中对象时的【特性】选项板内容。

【特性】选项板的结构如下:

【特性】选项板中间大部分区域是表格形式的特性列表框,列表框列出的内容与该选项板上方的对象类型列表框的显示内容相对应,其信息显示如下:

● 如果没有选择对象,对象类型列表框中显示【全局信息】,特性列表框仅显示图纸基本特性的当前设置、图纸幅面等信息。

● 如果只选择了一个对象,对象类型列表框显示该对象的【类型(数量)】,而特性列表框中列出所选对象的所有特性。

● 如果选择了多个对象,对象类型列表框显示【全部(对象个数)】,而特性列表框则列出所有选中对象的公共特性。

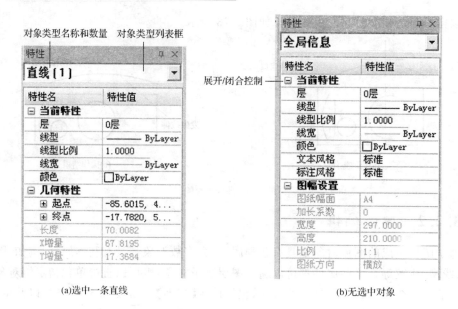

(a)选中一条直线　　　　　　　　(b)无选中对象

图 3-74 【特性】选项板

当【特性】选项板为打开状态时,拾取要编辑的对象,然后在选项板中修改即可。

2. 使用属性工具栏

电子图板提供了功能区【常用】选项卡【属性】面板和【颜色图层】工具栏来显示和编辑对象的图层、颜色、线型、线宽,如图 3-75 所示。

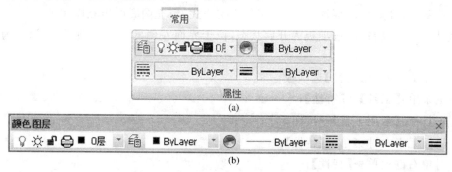

图 3-75 属性显示和编辑工具

在没有被选中对象的情况下,这些工具栏的各列表框顶部显示的是系统当前的设置;在没有执行任何命令的情况下,当某一对象被选中时,工具栏的各列表框顶部将显示该对象的相应属性;而如果选择了多个属性不完全相同的对象,则工具栏的相应属性列表框为【空】。

属性工具栏的操作方法如下:

①在没有执行任何命令的情况下,选择被修改对象。

②单击属性工具栏对应属性的下拉列表,选择将赋予被选对象的属性,即完成了对象特性的修改。

③按下键盘上 Esc 键,去掉被选对象上的夹点(曲线由虚线恢复为实线),属性工具栏上的各列表项恢复显示当前的设置。

3.特性匹配

特性匹配是将一个对象的特性复制到另一个对象或更多的对象上来改变它们的属性。

用以下方式可以启动【特性匹配】命令：

- 主菜单:【修改】→【特性匹配】；
- 功能区:【常用】→【常用】→按钮 ；
- 工具栏:【编辑工具】→按钮 ；
- 命令:match ↙。

启动【特性匹配】命令后,根据提示先拾取源对象,然后再拾取要修改的目标对象。图 3-76 所示为特性匹配的示例。

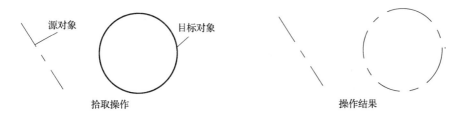

源对象　　　目标对象

拾取操作　　　　　　　　　　操作结果

图 3-76　特性匹配的示例

特性匹配功能除了可以修改图层、颜色、线型、线宽等基本属性外,也可以修改对象的特有属性,例如文字和标注等对象的特有属性。

3.2.3　夹点编辑

在没有任何命令执行的情况下,用鼠标直接拾取对象,对象上会显示一些蓝色的正方形和三角形小标志,称为夹点。同时被拾取的对象高亮显示(变为红色的虚线)。选取的对象不同,其上的夹点显示不尽相同,如图 3-77 所示。

夹点有两种状态:未选中状态和选中状态。未选中状态夹点默认的是蓝色小方框;将光标移动到未选中状态夹点上单击,夹点成为"选中状态",蓝色小方框(或三角形)变为红色。

要去掉对象上的夹点,按住 Shift 键,单击对象(不要在夹点上)。按 Esc 键可去掉所有对象上的夹点。

利用夹点编辑对象必须使夹点为选中状态。不同的对象通过夹点可实施不同的操作,如移动、延伸、拉长、变形等。对于直线和圆弧,三角形夹点不改变曲线的方向,对曲线实施伸缩操作;而正方形夹点则在伸缩操作的同时,可以改变线型方向;对于尺寸标注,端点的夹点改变尺寸界线的起点位置;尺寸文字上的夹点则改变尺寸线和文字的位置;样条线的夹点可以改变样条线形状。

同时,当图形中有带夹点的对象时单击鼠标右键,系统会弹出如图 3-78 所示的快捷

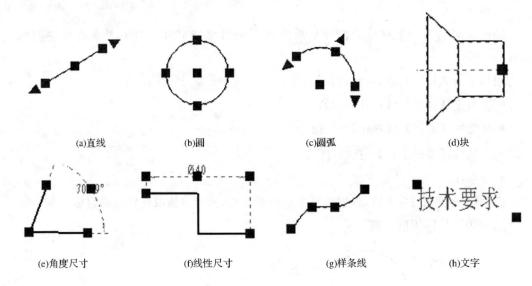

| (a)直线 | (b)圆 | (c)圆弧 | (d)块 |

| (e)角度尺寸 | (f)线性尺寸 | (g)样条线 | (h)文字 |

图 3-77　对象及其夹点

菜单,其中列出了可以对这些带夹点的对象实施的编辑操作。

图 3-78　快捷菜单

第4章

尺寸标注

尺寸标注是图样的一个重要内容,一张工程图样必须正确、规范、合理地标注尺寸。电子图板提供了丰富而智能的尺寸标注和标注编辑功能,尺寸的外观则通过尺寸样式来控制,以满足各种标注需求。用电子图板绘图时不仅要能够标注尺寸,还要学会尺寸样式的控制方法,以保证尺寸标注的正确、规范、合理。本章从机械制图一般需要和相关标准规范出发,介绍电子图板的尺寸样式设置方法和标注功能。

4.1 尺寸样式

尺寸标注的样式决定尺寸标注的外观,样式改变,则在该样式下标注的所有尺寸跟着改变。因此在具体进行尺寸标注前,了解尺寸标注样式控制是非常必要的。好在电子图板的标注功能是依据相关制图标准而开发的,所以一般情况下,并不需要对尺寸样式作太大的改动,在系统默认样式设置下可直接进行标注。

为更清楚了解尺寸标注样式的内容及其设置方法,首先应清楚电子图板的尺寸组成要素及尺寸标注的国家标准规定。

4.1.1 尺寸组成要素和标注要求

1. 尺寸的组成要素

电子图板将一个尺寸分为如图 4-1 所示的几个组成要素进行控制,它们是:尺寸界线、尺寸线、文字和尺寸线终端。在电子图板中每一个尺寸对象是一个实体(无名块)。

2. 机械制图尺寸标注的一般要求

根据国家标准 GB/T 4458.4—2003,尺寸标注有如下要求:

(1)尺寸文字要求:

①尺寸文字的字号一般用 3.5 或 5 号字,位于尺寸线的上方,也可位于尺寸线的中断处。

②除角度尺寸外,尺寸文字一般与尺寸线对齐。角度尺寸文字始终水平书写,不随角度方向变化。

(2)尺寸标注的一般要求如图 4-2 所示。

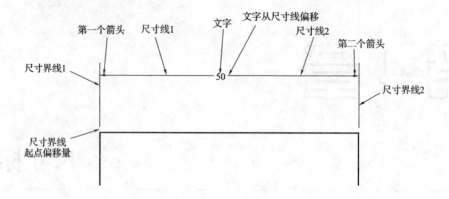

图 4-1　CAXA 电子图板的尺寸组成要素

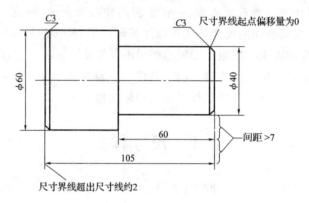

图 4-2　尺寸标注的一般要求

4.1.2　尺寸样式

通过尺寸样式控制尺寸各组成要素的形式、大小和相互位置，从而获得需要的尺寸标注风格。

如图 4-3 所示，可以用以下方式启动【尺寸样式】命令：

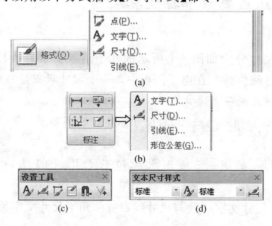

图 4-3　【尺寸样式】命令的启动方式

- 主菜单:【格式】→【尺寸样式】;
- 功能区:【标注】→【样式管理】→【尺寸样式】;
- 工具栏:【设置工具】→按钮 或【文本尺寸样式】→按钮 ;
- 命令:dimpara↙。

启动【尺寸样式】命令后,弹出【标注风格设置】对话框,如图 4-4 所示。

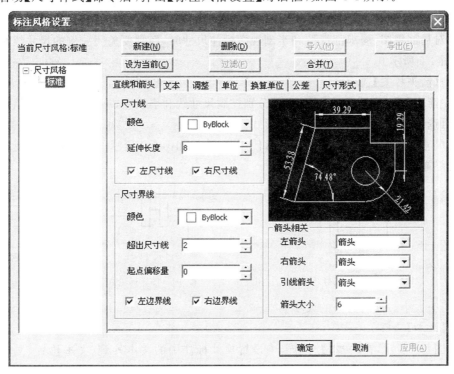

图 4-4　【标注风格设置】对话框——【直线和箭头】选项卡

　　对话框的左侧显示【当前尺寸风格】和【尺寸风格】列表,右侧上方提供了【新建】、【删除】、【设为当前】、【合并】等功能按钮,下方为样式设置区和样式预览区。样式设置区通过几个选项卡完成设置。下面就常用的【直线和箭头】、【文本】、【调整】、【单位】、【公差】、【尺寸形式】等几个选项卡的选项内容和使用方法进行介绍。

1.【直线和箭头】选项卡

在【直线和箭头】选项卡中可以对尺寸线、尺寸界线及箭头进行设置。

(1)【尺寸线】选项区

【延伸长度】:当尺寸线在尺寸界线外侧时,尺寸线的伸出长度即为延伸长度。

【左尺寸线】和【右尺寸线】:设置左、右尺寸线的开关,默认值为【开】。

如图 4-5 所示为尺寸线参数的示例。

(2)【尺寸界线】选项区

【超出尺寸线】:尺寸界线超出尺寸线的距离,默认值为 2.0 mm,符合标注要求。

【起点偏移量】:尺寸界线与所标注元素之间的距离。默认值为 0 mm,符合标注要求。

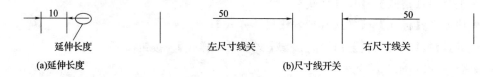

图 4-5　尺寸线参数的示例

【左边界线】和【右边界线】：设置左、右边界线的开关，默认值为【开】。

在对局部视图、局部剖视图和半剖视图标注尺寸时，经常要关闭一侧的尺寸线和边界线，如图 4-6 所示[①]。

（3）【箭头相关】选项区

【左箭头】、【右箭头】、【引线箭头】分别控制尺寸线和引线左、右箭头的样式，默认为箭头，还可选择斜线、圆点、空心箭头等形式。

在尺寸标注中，尺寸线的终端通常使用箭头，但如图 4-7 所示的情况则需要使用其他形式的终端。

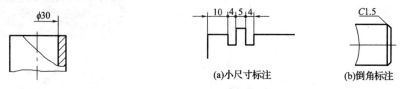

图 4-6　控制尺寸线和边界线打开/关闭的应用　　图 4-7　图样标注中箭头和引线的不同形式

【箭头大小】：控制箭头的大小。

2．【文本】选项卡

如图 4-8 所示，在【文本】选项卡中设置尺寸标注中的文本外观、文本位置、文本对齐方式。

（1）【文本外观】选项区

【文本风格】：用于设置尺寸数字的文字样式，与系统的文字样式相关联，默认选用标准文字样式。

【文本颜色】：用于设置尺寸文字的颜色。

【文字字高】：控制尺寸文字的高度，设置为【0】即由【文本风格】选用的文字样式规定。

【文本边框】：控制是否为标注字体加边框。

（2）【文本位置】选项区

该选项区用于控制尺寸文本与尺寸线的位置关系。

【一般文本垂直位置】：控制文字在尺寸线垂直方向的位置，可选择【尺寸线上方】、【尺寸线中间】、【尺寸线下方】，如图 4-9 所示。

【距尺寸线】：控制文字距离尺寸线的位置，软件默认为 0.625 mm。

---

　①　CAXA 电子图板提供了称为【半标注】的标注方法用于局部视图、局部剖视图和半剖视图等只有一侧尺寸界线时的标注，使用非常方便。

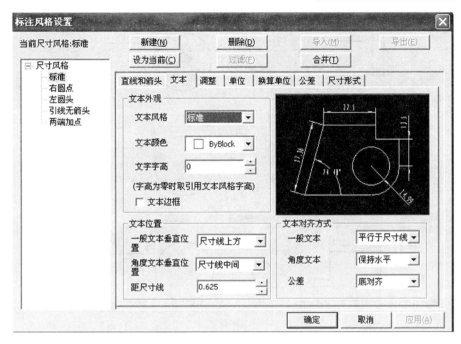

图 4-8　【标注风格设置】对话框——【文本】选项卡

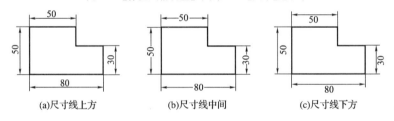

　　(a)尺寸线上方　　　　　　　(b)尺寸线中间　　　　　　　(c)尺寸线下方

图 4-9　文字在尺寸线垂直方向的位置

(3)【文本对齐方式】选项区

该选项区用于设置尺寸文字的方向。

【一般文本】:设置线性尺寸文字的对齐方式,有【平行于尺寸线】、【保持水平】和【ISO标准】三个选项①。三种对齐方式的意义如下:

平行于尺寸线:文字的书写角度与尺寸线平行,如图 4-10(a)所示。此选项是默认设置。

保持水平:文字总是水平书写,而不考虑尺寸线的方向如何,如图 4-10(b)所示。

ISO 标准:使标注文字方向符合国际标准(ISO),即在尺寸界线内部的尺寸文字平行于尺寸线,位于尺寸界线外部的尺寸文字保持水平,如图 4-10(c)所示。

机械制图中直线尺寸一般使用【平行于尺寸线】对齐方式,直径和半径标注常用【ISO标准】对齐方式,这两种方式在同一张图纸上并存。而【保持水平】对齐方式在同一张图纸上只能统一使用,使用较少。

---

　①　三种文字对齐方式也可在标注时通过命令立即菜单进行设置。

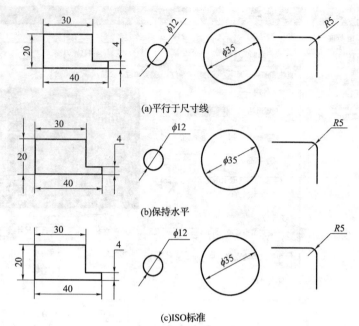

(a)平行于尺寸线

(b)保持水平

(c)ISO标准

图 4-10 线性尺寸的三种对齐方式比较

【角度文本】:控制角度标注,系统默认为【保持水平】,其他方式不符合机械制图标准,一般不使用。

【公差】:设置公差文字的对齐方式为【顶对齐】、【中对齐】或【底对齐】。

3.【调整】选项卡

【调整】选项卡用于控制在极端情况下文字与箭头位置的处理,如图 4-11 所示。

(1)【调整选项】选项区

控制小尺寸标注(尺寸界线之间不足以同时写下文字和箭头)时文字和箭头哪个移出尺寸界线外标注。系统默认的是取最佳效果。

(2)【文本位置】选项区

设置当把尺寸文字从标注样式定义的默认位置移出后的放置方式,包含以下选项:【尺寸线旁边】、【尺寸线上方,带引出线】和【尺寸线上方,不带引出线】,其效果如图 4-12 所示,其中【尺寸线旁边】是默认选项。

(3)【比例】选项区

该选项区用于设置一种标注样式的全局比例。

【标注总比例】的比例值,作用于该样式的各项参数值,如文字高度、箭头大小、起点偏移量、超出尺寸线、延伸长度等值,但不影响标注的测量值。默认设置为【1】。

(4)【优化】选项区

【优化】控制当文字移出尺寸界线时尺寸界限间是否绘制尺寸线,默认为绘制尺寸线。

4.【单位】选项卡

【单位】选项卡用于设置标注的精度,如图 4-13 所示。

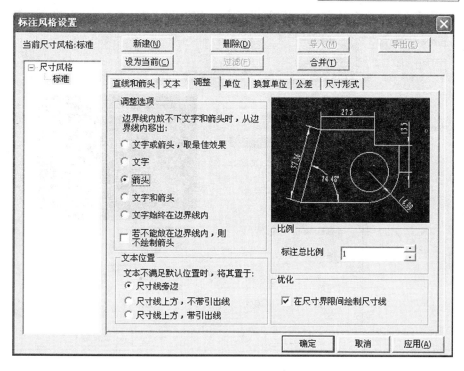

图 4-11　【标注风格设置】对话框——【调整】选项卡

(a)尺寸线旁边　　　　　(b)尺寸线上方，带引出线　　　　(c)尺寸线上方，不带引出线

图 4-12　文本位置

(1)【线性标注】选项区

该选项区用来设置线性标注的格式和精度等参数。

【单位制】:设置除"角度"之外的所有标注类型的单位格式,可以为十进制、分数等。

【精度】:设置标注中基本尺寸的小数位数。精度基于选定的单位或角度格式。

【分数格式】:设置分数的表示形式。只有在【单位制】选【分数】时此参数才可设置。

【小数分隔符】:小数点的表示方式,分为【句点】、【逗号】、【空格】三种。默认为【句点】。

【小数圆整单位】:为除"角度"之外的所有标注类型设置标注测量值的舍入规则。如果输入 0.25,则所有标注距离都以 0.25 为单位进行舍入。例如,把测量值 15.76 标注为 15.75;而把测量值 15.74 标注为 15.5。如果输入 0,则所有标注距离都将舍入为最接近

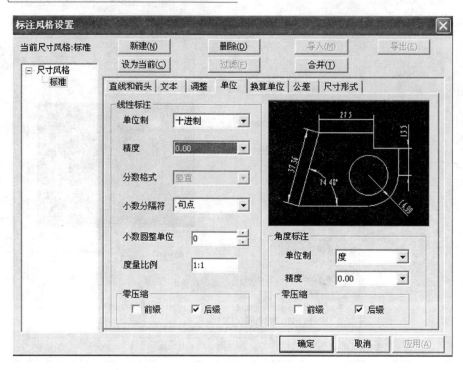

图 4-13 【标注风格设置】对话框——【单位】选项卡

的整数。小数点后显示的位数取决于【精度】设置。

【度量比例】:标注尺寸与实际尺寸之比值。例如,比例为 2:1 时,直径为 5 的圆,标注直径结果为 φ10。默认值为 1:1。

【零压缩】:用于控制尺寸标注中小数的前后消"0"。例如,尺寸值为 0.901,精度为 0.00,只选中【前缀】,则标注结果为.90;只选中【后缀】,则标注结果为 0.9。

(2)【角度标注】选项区

和【线性标注】选项区对应,控制角度的单位格式、精度和小数点前后消"0"。

5.【换算单位】选项卡

当需要对图形标注两种单位时使用。本书略。

6.【公差】选项卡

用于控制标注文字中公差的格式及显示,如图 4-14 所示。

(1)【公差】选项区

用于控制标注文字中公差的格式及显示。

【精度】:设置尺寸偏差的精确度,默认为【0.000】。

【高度比例】:设置公差文字相对于基本尺寸的高度比例,应选用系统默认值,即偏差数字的字号应比基本尺寸小一号。

【零压缩】:控制是否禁止输出前导零和后续零。

(2)【换算值公差】选项区

用于设置换算公差单位的格式,本书略。

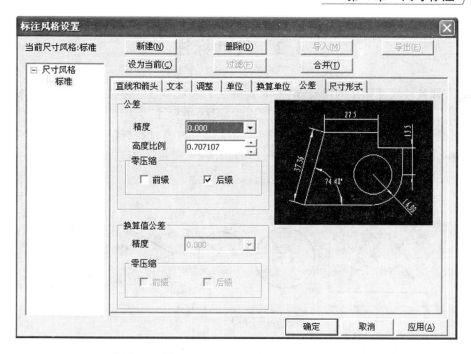

图 4-14　【标注风格设置】对话框——【公差】选项卡

7.【尺寸形式】选项卡

用于控制弧长标注和引出点等参数,如图 4-15 所示。

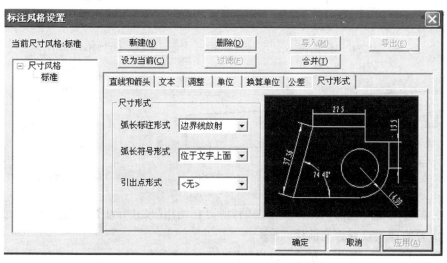

图 4-15　【标注风格设置】对话框——【尺寸形式】选项卡

　　【弧长标注形式】:设置弧长标注形式为【边界线垂直于弦长】或【边界线放射】,应选用系统默认的【边界线放射】。

　　【弧长符号形式】:设置弧长符号形式为【位于文字上面】或【位于文字下面】,应选用系统默认的【位于文字上面】。

　　【引出点形式】:设置尺寸标注引出点形式为【无】或【点】,应选择系统默认的【无】。

4.2 尺寸标注

为方便各种尺寸标注的需要,电子图板提供了非常丰富的标注命令,包括基本标注、基线标注、连续标注、三点角度标注、角度连续标注、半标注、大圆弧标注、射线标注、锥度标注、斜线标注和曲率半径标注。这些标注命令均可以通过执行【尺寸标注】命令并在立即菜单中切换选择,也都可以单独执行。如图 4-16 所示为不同标注命令的尺寸标注示例。

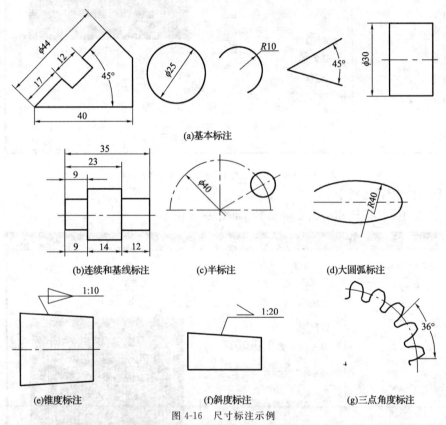

图 4-16 尺寸标注示例

尺寸的外观是受当前尺寸样式控制的,所以在调用【尺寸标注】命令进行标注之前,首先应将需要的样式设置为当前样式[①]。

如图 4-17 所示,用以下方式可以启动【尺寸标注】命令:

- 功能区:【常用】→【标注】→按钮 ⊢⊣ 或【标注】→【标注】→按钮 ⊢⊣;
- 主菜单:【标注】→【尺寸标注】;
- 工具栏:【标注】→按钮 ⊢⊣;
- 命令:dim↙。

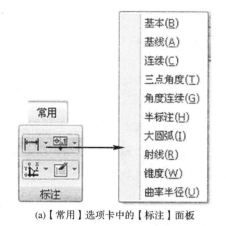

(a)【常用】选项卡中的【标注】面板　　　　　(b)尺寸标注命令的立即菜单

(c)【标注】选项卡中的【标注】面板

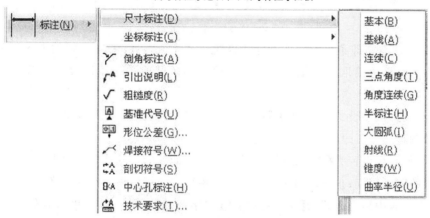

(d)【标注】主菜单

(e)【标注】工具栏

图 4-17　【尺寸标注】命令启动方式

4.2.1　基本标注

可以快速生成线性尺寸、直径尺寸、半径尺寸、角度尺寸等基本类型的标注。电子图板的基本标注可以根据所拾取对象自动判别要标注的尺寸类型,智能而又方便。

单击按钮 ⊢⊣ 或输入 powerdim 命令,可以启动【基本标注】命令。系统显示命令立即菜单和操作提示:

拾取标注元素或点取第一点:

根据提示拾取要标注的对象,然后再确认标注的参数和位置即可。拾取单个对象和先后拾取两个对象的概念和操作方法不同,下面分别予以介绍。

1. 标注单个对象

(1)直线标注

若拾取一条直线响应命令提示,则弹出如图 4-18 所示的直线立即菜单。

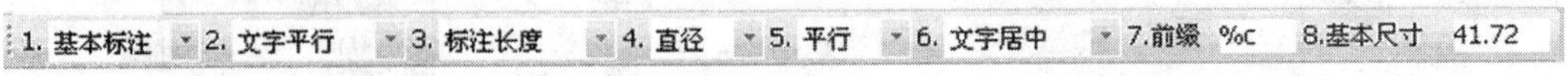

| 1. 基本标注 ▾ | 2. 文字平行 ▾ | 3. 标注长度 ▾ | 4. 直径 ▾ | 5. 平行 ▾ | 6. 文字居中 ▾ | 7.前缀 %c | 8.基本尺寸 41.72 |

图 4-18　直线立即菜单

立即菜单中各参数说明如下:

【1. 基本标注】:可以在选项列表中选择其他尺寸标注方式。

【2. 文字平行】:设置标注文字与尺寸线位置关系,可以设置为【文字平行】、【文字水平】或【ISO 标准】。

【3. 标注长度】:可以设置为【标注长度】或【标注角度】。当该项设置为【标注角度】时,标注的即为直线与坐标轴的角度。其立即菜单如图 4-19 所示。

| 1. 基本标注 ▾ | 2. 文字平行 ▾ | 3. 标注角度 ▾ | 4. X轴夹角 ▾ | 5. 度 ▾ | 6.前缀 | 7.基本尺寸 |

图 4-19　直线与坐标轴角度标注

切换图 4-19 立即菜单第四项可标注直线与 X 轴的夹角或与 Y 轴的夹角,角度尺寸的顶点为直线靠近拾取点的端点。其第五项控制角度的单位,可在【度】和【度分秒】间切换。

【4. 直径】:可以设置为【长度】或【直径】。设置为【直径】时,【7. 前缀】会自动添加直径符号的控制符"%c",即标注为直径标注。

【5. 平行】:可设置为【平行】或【正交】。平行时标注的尺寸线与直线平行,用以标注非正交直线的实际长度;正交时沿水平方向或沿铅垂方向标注该直线的长度。

【6. 文字居中】:可设置为【文字居中】或【文字拖动】。居中时尺寸文字在尺寸线的中心放置;拖动时,尺寸文字跟随光标的移动而移动。

【7. 前缀】:用于为尺寸文字加前缀。如"R"、"ϕ"等。

【8. 基本尺寸】:显示被标注直线的测量长度值,可通过键盘输入新值。

如图 4-20 所示为单个直线的标注示例。

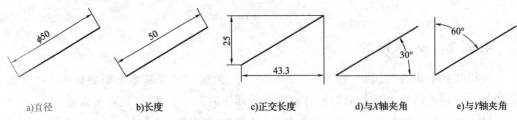

a)直径　　　　b)长度　　　　c)正交长度　　　　d)与X轴夹角　　　　e)与Y轴夹角

图 4-20　单个直线的标注示例

(2)圆的标注

用基本标注命令标注尺寸时若拾取一个圆响应命令提示，则弹出如图 4-21 所示的立即菜单。

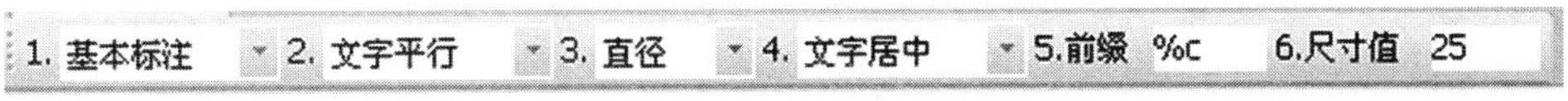

1. 基本标注
2. 文字平行
3. 直径
4. 文字居中
5.前缀 %c
6.尺寸值 25

图 4-21　圆的立即菜单

【3. 直径】：有三个选项，分别为：【直径】、【半径】和【圆周直径】，【圆周直径】为自圆周引出尺寸界线，标注直径尺寸。

在标注直径和圆周直径时，尺寸值自动带前缀 ϕ；在标注半径尺寸时，尺寸值自动带前缀 R。

当选择【圆周直径】时，立即菜单变为如图 4-22 所示内容。

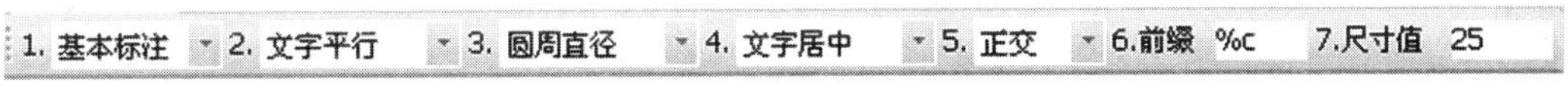

1. 基本标注
2. 文字平行
3. 圆周直径
4. 文字居中
5. 正交
6.前缀 %c
7.尺寸值 25

图 4-22　圆周直径立即菜单

其中【5. 正交】选项切换为【5. 平行】时，立即菜单中增加一项【旋转角】，用来指定尺寸线的倾斜角度。

如图 4-23 所示为单个圆的标注示例。

ϕ40
R20
ϕ32

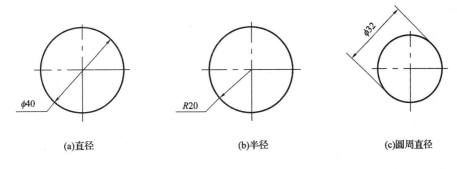

(a)直径　　(b)半径　　(c)圆周直径

图 4-23　单个圆的标注示例

(3)圆弧的标注

启动【基本标注】命令，按提示拾取要标注的圆弧，弹出的立即菜单如图 4-24 所示。

直径
半径
圆心角
弦长
弧长
1. 基本标注
2. 半径
3. 文字平行
4. 文字居中
5.前缀 R
6.基本尺寸 10

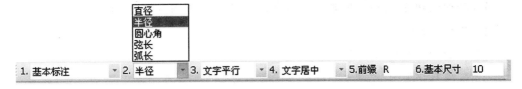

图 4-24　圆弧立即菜单

在【2. 半径】选项中包含五个选项：【半径】、【直径】、【圆心角】、【弦长】和【弧长】，可根据需要选用这五种方式对圆弧进行标注。然后按提示指定尺寸线位置，标注位置可随鼠标动态确定。

如图 4-25 所示为单个圆弧的标注示例。

R25
φ30
110°
48.69
40

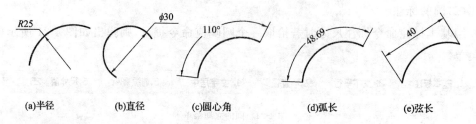

(a)半径　(b)直径　(c)圆心角　(d)弧长　(e)弦长

图 4-25　单个圆弧的标注示例

2. 标注两个对象

(1)两点标注

分别拾取两点，标注两点之间的距离。

启动【基本标注】命令，按提示拾取第一点，再拾取第二点，弹出如图 4-26 所示立即菜单。

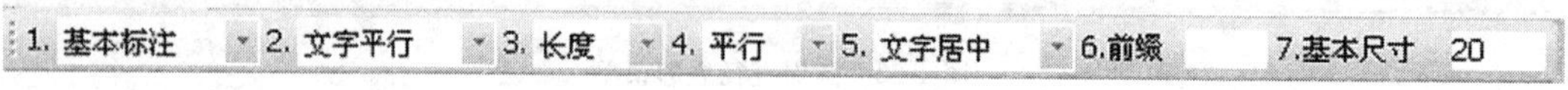

1. 基本标注
2. 文字平行
3. 长度
4. 平行
5. 文字居中
6.前缀
7.基本尺寸 20

图 4-26　两点标注立即菜单

根据作图需要选定菜单中的各个选项，再按提示指定尺寸线位置。

(2)点和直线标注

分别拾取点和直线，标注点到直线的距离。

启动【基本标注】命令，按提示拾取第一点，再拾取直线上任意一点，弹出如图 4-27 所示立即菜单。

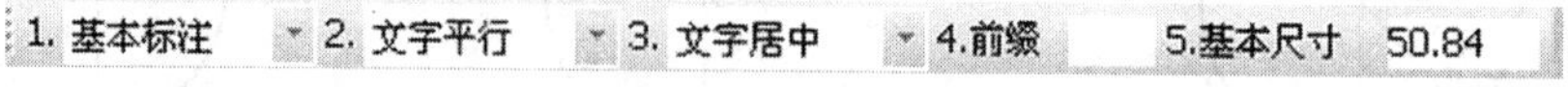

1. 基本标注
2. 文字平行
3. 文字居中
4.前缀
5.基本尺寸 50.84

图 4-27　标注点到直线距离的立即菜单

(3)点和圆(或圆弧)的标注

分别拾取点和圆(或圆弧)，标注点到圆心的距离。操作步骤与点到直线的标注相同。

注意:如果先拾取点，则点可以是任意点(屏幕点、孤立点或各种特征点)；如果先拾取圆(或圆弧)，则点不能是屏幕点。

(4)圆和圆(或圆和圆弧、圆弧和圆弧)的标注

分别拾取圆和圆(或圆和圆弧、圆弧和圆弧)，标注两个圆心之间的距离。操作步骤与点到直线的标注相同。

(5)直线和圆(或圆弧)的标注

分别拾取直线和圆(或圆弧)，标注直线到圆心之间的距离。

启动【基本标注】命令，按提示拾取直线和圆(或圆弧)，弹出如图 4-28 所示的立即菜单。

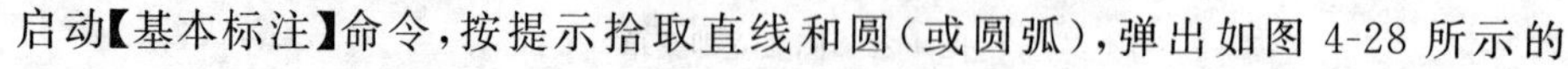

1. 基本标注
2. 文字平行
3. 圆心
4. 文字居中
5.前缀
6.尺寸值 25.25

图 4-28　标注直线到圆心距离的立即菜单

立即菜单中【3.圆心】是指标注圆心到直线的最短或垂直距离;切换为【3.切点】时是指标注圆的切点与直线的距离。

(6)直线和直线的标注

拾取两条直线,系统根据两条直线的相对位置(平行或相交),标注两条直线的距离或夹角。

启动【基本标注】命令,如果所拾取的两条直线平行,则标注两条直线间的长度或对应的直径,弹出如图 4-29 所示的立即菜单。

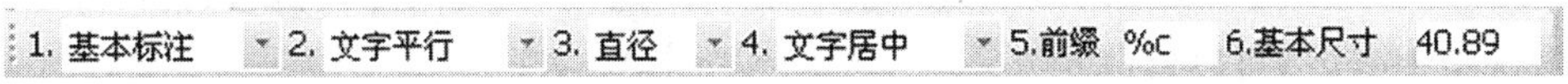

| 1. 基本标注 | ▼ | 2. 文字平行 | ▼ | 3. 直径 | ▼ | 4. 文字居中 | ▼ | 5.前缀 %c | 6.基本尺寸 40.89 |

图 4-29　标注两直线距离的立即菜单

立即菜单第三项【3.长度】是标注两条直线间的长度;【3.直径】是标注两条直线对应的直径,在尺寸值前自动加前缀 ϕ。

如果所拾取的两条直线相交,则标注两条直线间的夹角,则立即菜单如图 4-30 所示。

| 1. 基本标注 | ▼ | 2. 度 | ▼ | 3.前缀 | 4.基本尺寸 45%d |

图 4-30　标注两直线夹角的立即菜单

如图 4-31 所示为拾取两个对象标注的示例。

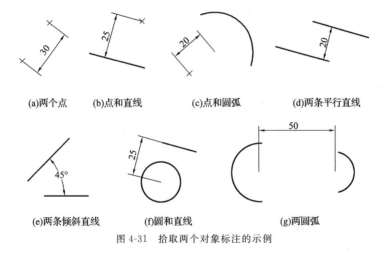

(a)两个点　　(b)点和直线　　　(c)点和圆弧　　　(d)两条平行直线

(e)两条倾斜直线　　(f)圆和直线　　　(g)两圆弧

图 4-31　拾取两个对象标注的示例

4.2.2　基线标注

用于标注具有同一尺寸界线(即这里的基线)的一系列并列尺寸。

选择主菜单【标注】→【尺寸标注】→【基线】或输入 basdim 命令,可以启动【基线标注】命令。

启动【基线标注】命令后,系统提示:

拾取线性尺寸或第一引出点:　　　　　　　(指定第一个尺寸的确定方法:拾取已有或指定第一引出点来即时生成)

指定第一个基线尺寸的两种方法,具体如下:

(1)如果拾取一个已标注的【线性尺寸】,则该线性尺寸就作为【基线标注】中的第一基准尺寸,并按拾取点的位置确定尺寸基准界线,再按提示标注后续基准尺寸。对应的立即菜单如图 4-32 所示。

| 1. 基线 | ▼ 2. 文字平行 | ▼ 3.尺寸线偏移 | 10 | 4.前缀 | 5.基本尺寸 | 计算尺寸 |

图 4-32　基线标注立即菜单 1

立即菜单的大部分选项意义与基本标注相同。这里的【3.尺寸线偏移】指尺寸线的间距,默认是 10 mm,可以修改。

(2)如拾取的是【第一引出点】,弹出立即菜单如图 4-33 所示。

| 1. 基线 | ▼ 2. 文字平行 | ▼ 3. 正交 | ▼ 4.前缀 | 5.基本尺寸 |

图 4-33　基线标注立即菜单 2

以该引出点作为基线的引出点,拾取【第二引出点】,移动鼠标指定尺寸线位置后,即完成第一基准尺寸。按提示可以反复拾取【第二引出点】,即可标注出一组【基准尺寸】。

立即菜单第三项【3.正交】指尺寸线平行于坐标轴;【3.平行】指尺寸线平行于两点连线方向。

如图 4-34 所示为基线标注的示例。

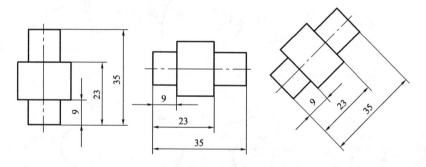

图 4-34　基线标注的示例

4.2.3　连续标注

用于生成一系列首尾相连的线性尺寸标注。

选择主菜单【标注】→【尺寸标注】→【连续】或输入 contdim 命令,可以启动【连续标注】命令。

启动【连续标注】命令后,系统提示:

拾取线性尺寸或第一引出点:

命令执行过程与【基线标注】相似,确定第一个尺寸时可以拾取一个已有标注(拾取点的位置决定尺寸连续标注的方向)或通过指定第一和第二引出点来即时生成。此处从略。

如图 4-35 所示为连续标注的示例。

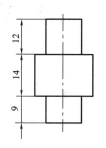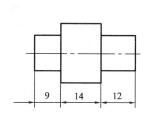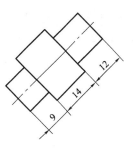

图 4-35　连续标注的示例

4.2.4　半标注

用于生成半标注。

选择主菜单【标注】→【尺寸标注】→【半标注】或输入 halfdim 命令,可以启动【半标注】命令。半标注立即菜单如图 4-36 所示。

| 1.直径 ▾ | 2.X延伸长度 3 | 3.前缀 %c | 4.基本尺寸 |

图 4-36　半标注立即菜单

其中【1.直径】可以切换标注直径或长度。

单击【2.X 延伸长度】可以设置半标注的尺寸线延伸长度。

同时系统提示:

拾取直线或第一点:　　　　　　　　　(该直线或点将是所标注尺寸的对称线或中点)

如果拾取到一条直线,系统提示:【拾取与第一条直线平行的直线或第二点:】;如果拾取到一个点,系统提示:【拾取直线或第二点:】。

拾取的直线或点将是尺寸线带箭头的终端。接下来提示【尺寸线】的位置,指定一点即完成一个半标注,系统会自动在第一个拾取位置端将尺寸线延伸一段,获得半标注。如图 4-37 所示为半标注示例。

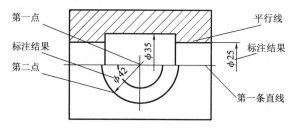

图 4-37　半标注示例

4.2.5　大圆弧标注

用于生成大圆弧标注。

选择主菜单【标注】→【尺寸标注】→【大圆弧】或输入 arcdim 命令,可以启动【大圆弧标注】命令。大圆弧标注立即菜单如图 4-38 所示。

根据命令提示,依次拾取圆弧、第一引出点、第二引出点和定位点后即完成大圆弧标注。如图 4-39 所示为大圆弧标注示例。

图 4-38　大圆弧标注立即菜单　　　　　　　　图 4-39　大圆弧标注示例

4.2.6　锥度和斜度标注

用于生成锥度或斜度标注。

1. 锥度和斜度的概念与标注要求

斜度:指两条直线(或两平面)的倾斜度。斜度值等于两条直线夹角的正切,用 1∶n 形式表示。如图 4-40 所示,标注时要求斜度符号的尖角方向与倾斜角度顶点方向一致。

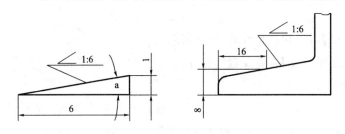

图 4-40　斜度概念和标注规则

锥度:指圆锥底圆直径与圆锥高度之比,用 1∶n 形式表示。

如图 4-41 所示,标注时要求锥度符号的尖角方向与圆锥顶点方向一致。

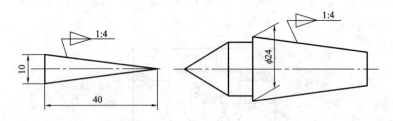

图 4-41　锥度概念和标注规则

2. 锥度和斜度的标注

选择主菜单【标注】→【尺寸标注】→【锥度】或输入 gradientdim 命令,可以启动【锥度标注】命令。锥度/斜度标注立即菜单如图 4-42 所示。

图 4-42　锥度/斜度标注立即菜单

其中:

【1.锥度】:可以切换【锥度】或【斜度】。

【2.正向】:可以切换【正向】或【反向】,用来调整锥度或斜度符号的方向。

【3.加引线】:控制是否加引线。应选择【加引线】。

【4.文字无边框】:设置标注的文字是否加边框。应选择【文字无边框】。

确认立即菜单的参数后,先拾取基准线,再拾取被标注的直线,这时在立即菜单的选项【5.基本尺寸】中显示默认尺寸值,如有必要,用户可以对其进行修改。

4.2.7　尺寸标注属性设置

尺寸标注除尺寸外,通常还需要添加尺寸公差、特殊符号以及附加一些说明,如图4-43所示。电子图板可以方便地添加和设置这些内容,并且尺寸公差可以和基本尺寸关联变化,从而提高编辑修改效率。

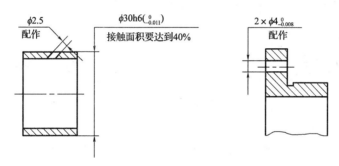

图 4-43　尺寸标注属性实例

在生成尺寸标注时单击鼠标右键进入【尺寸标注属性设置】对话框,如图4-44所示。

图 4-44　【尺寸标注属性设置】对话框

1.【基本信息】选项区

【前缀】:填写尺寸值前面的信息。如尺寸“6xϕ5”中的“6x”。

【基本尺寸】:显示一个尺寸的测量值,也可以输入数值。

【后缀】：用于在尺寸标注之后添加信息。

【附注】：填写对尺寸的说明或其他注释，添加在尺寸线的下方。如图 4-43 中"配作"的说明。

【文本替代】：在这个编辑框中填写内容时，前缀、基本尺寸和后缀的内容将不显示，尺寸文字使用文本替代的内容。

【插入】：用以插入各种特殊符号，如直径符号、角度、分数、粗糙度等。单击【插入】下拉列表中的【尺寸特殊符号】，弹出如图 4-45 所示的【标注特殊符号】对话框。

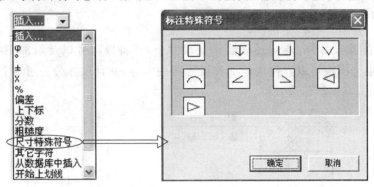

图 4-45　【插入】下拉列表和"标注特殊符号"对话框

2.【标注风格】选项区

单击【使用风格】右边的下拉箭头，在【使用风格】下拉列表中可以选择当前尺寸标注的样式，并且可以设置【箭头反向】和【文字边框】。

单击【标注风格】按钮可以激活【标注风格设置】对话框，详细设置尺寸标注的参数。但样式的修改将影响使用该样式的所有尺寸标注。

3.【公差与配合】选项区

【输入形式】：选择用户填写的形式。

例如，若在【输入形式】中选择了【代号】，则用户在【公差代号】编辑框中输入公差代号名称，如 H7、k6 等。也可以单击对话框中的【高级】按钮，在弹出的【公差与配合可视化查询】对话框中直接选择合适的公差代号，如图 4-46 所示。系统将根据基本尺寸和代号名称自动查表，并将查到的上、下偏差值显示在【输出形式】下的【上偏差】和【下偏差】编辑框中。当【输入形式】选择【配合】时，在此编辑框中输入配合的名称，如 H7/h6。同样也可以单击【高级】按钮，在弹出的【公差与配合可视化查询】对话框中直接选择合适的公差代号，如图 4-47 所示。当【输入形式】为【偏差】或【对称】时，则【公差代号】编辑框为灰色，不可填写，用户直接在上、下偏差处输入。

【输出形式】：控制公差的输出方式，即控制公差配合在图上标注的形式。

例如，【输出形式】为【代号】时，则图上标注公差配合代号，如 50K6；当为【偏差】时，则图上标注极限偏差，如 $\phi 50^{+0.003}_{-0.013}$；当为【(偏差)】时，则标注时偏差用"()"括起来，如 $\phi (^{+0.003}_{-0.013})$；当为【代号(偏差)】时，标注时代号和偏差都标，如 $\phi 50K6 (^{+0.003}_{-0.013})$。

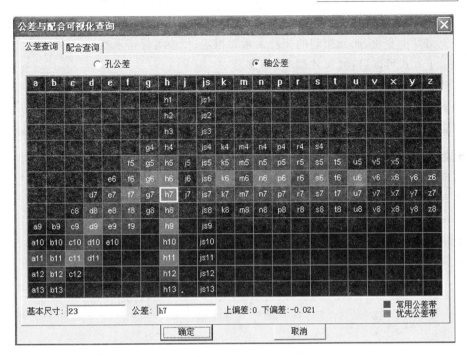

图 4-46 【公差与配合可视化查询】对话框——【公差查询】选项卡

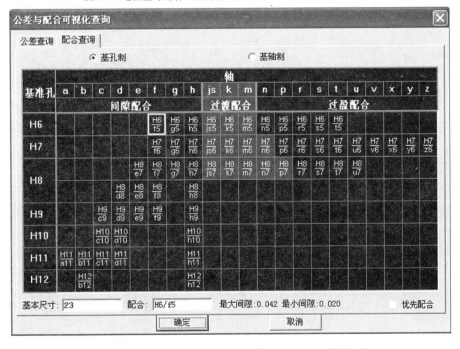

图 4-47 【公差与配合可视化查询】对话框——【配合查询】选项卡

4.2.8 尺寸驱动

尺寸驱动是系统提供的一套局部参数化功能。用户在选择一部分实体及相关尺寸后,系统将根据尺寸建立实体间的拓扑关系,当用户选择尺寸并改变其数值时,相关实体及尺寸也将发生变化,而元素间的拓扑关系如相切、相连等保持不变。

用以下方式可以启动【尺寸驱动】命令:

- 主菜单:【修改】→按钮 ![按钮];
- 工具栏:【修改工具】→按钮 ![按钮];
- 功能区:【标注】→按钮 ![按钮];
- 命令:driv✓。

启动【尺寸驱动】命令后,系统提示如下:

添加拾取: (拾取要实施尺寸驱动的对象)

添加拾取:✓ (拾取对象结束)

请给出尺寸关联对象变化的参考点: (指定尺寸驱动的参考点)

请拾取驱动尺寸: (拾取要改变的尺寸)

请拾取驱动尺寸:✓ (重复尺寸驱动直至回车结束)

第 5 章

块、图库

人们在设计绘图时,常需要将某些对象组合成整体来使用和处理。例如,在装配图中要从零部件层面来处理图形,需要将属于同一零部件的图线作成一个整体,这时用到块功能;而在绘图时会用到大量的行业标准件和特定符号,它们的形状确定,尺寸具有预定的变化规则,为提高绘图效率,减少绘图重复工作和繁琐的检索工作,电子图板提供了图库功能。块和图库是体现计算机绘图优势的重要方面,是计算机绘图必须掌握的有效工具。本章将详细介绍 CAXA 电子图板的块和图库功能。

5.1 块

5.1.1 概述

"块"将不同类型的图形对象组合成一个实体,作为单一的对象来使用。用户单击块上任何一个地方,整个块被选中。在图形中使用块有以下特点:

(1)利用块可以方便实现一组图形对象的显示顺序区分,位于上层的块可以隐藏其下层的对象。块的这一特性对于用现有的零件图绘制装配图是非常方便的。

(2)利用块可以方便实现一组图形对象的关联引用。所谓关联引用,不同于简单的编辑复制,在图形中会产生新的图形对象。图形中插入的块都是某个块定义的引用,当块定义被修改时,这些引用会自动更新。使用块不仅节省图形空间,还方便更新。

(3)利用块可以存储与该块相联系的非图形信息,如块的名称、材料等,这些信息也称为块的属性。

(4)块中的图形对象可能是在不同图层上,具有不同的颜色、线型和线宽属性。尽管块生成时总是在当前图层上,但块参照保存了有关包含在该块中的对象的原图层、颜色和线型特性的信息。在使用块时可以控制块中的对象是保留其原特性还是继承当前的图层、颜色、线型或线宽设置。

(5)块可以被打散,即构成块的图形元素又恢复为可独立操作的元素。

块的主要功能操作有:创建块、消隐块、属性定义、插入块、编辑块等,通过以下方式选择(图 5-1):

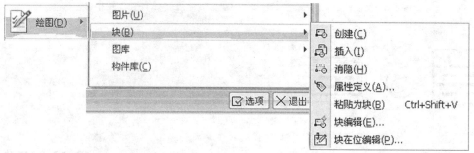

(a)主菜单上的块操作命令

(b)功能区上的块操作命令

(c)【块工具】工具栏上的块操作命令

图 5-1　块操作命令

- 主菜单:【绘图】→【块】;
- 功能区:【常用】→【基本绘图】→按钮 下拉列表;
- 工具栏:【块工具】。

5.1.2　创建块

通过创建块,将一组图形对象定义为一个块对象。每个块对象包含块名称、一个或者多个对象、用于插入块的基点坐标值和相关的属性数据。

单击【创建块】命令按钮 或输入 block 命令,将执行创建块功能。其操作过程如下:

命令:

启动执行命令:"创建块"

拾取元素: 　　　　　　　(用各种对象选择方法选择构成块的图形对象)

对角点: 　　　　　　　(重复选择操作直至单击鼠标右键或按下 Enter 键确认)

基准点: 　　　　　　　(指定一点作为块插入的基准点)

此后弹出如图 5-2 所示的对话框,在【名称】文本框中输入块的名称,单击【确定】按钮即完成块定义。

如果先拾取对象再执行【创建块】命令,则直接指定基点而进一步创建块。

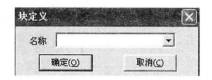

图 5-2 【块定义】对话框

5.1.3 块消隐

设置某个块为消隐意味着将该块置于显示顺序的顶端,遮盖显示顺序为其后的对象。块的自动消隐功能,给绘制装配图带来极大方便。如图 5-3 所示,图中螺栓和螺母分别被定义成两个块,当它们配合到一起时必然会产生消隐的问题。图 5-3(a)中选取螺母为前景实体,螺栓中与其重叠的部分被消隐。图 5-3(b)则是将螺栓变为前景实体,螺母的相应部分被消隐。

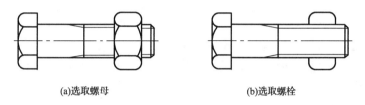

(a)选取螺母   (b)选取螺栓

图 5-3 块消隐操作

只要前景是块,不管与其重叠的是否为块,当设置块消隐时,位于块下层的所有对象都将被消隐。

设置块消隐,只要选中块对象,在其右键菜单或相应的工具栏中选择【消隐】即可。

5.1.4 属性定义

块属性是可包含在块定义中的文字信息,是可以在块插入时赋予不同内容的文字串。

属性在被定义到块之前必须先使用【属性定义】命令定义为块属性。而后在创建块定义时,将其作为构成块的对象来选择,这时所定义的块具有了属性。具有属性的块在插入时,电子图板会提示为属性指定文字串。

块属性定义的操作步骤如下:

单击【属性定义】命令按钮 ⬦ 或输入 attrib 命令,将弹出如图 5-4 所示的【属性定义】对话框。

其中各选项的使用方法如下:

● 在【名称】文本框中输入数据,结果是在图形中默认显示的内容。可以使用任何字符组合(空格除外)输入属性名称。

● 在【描述】文本框中输入数据,用于指定在插入包含该属性定义的块时显示的提示。如果不输入提示,属性名称将用作提示。

● 在【缺省值】文本框中输入数据,用于指定默认的属性值。

● 【定位点】选项区用于指定属性的位置,可以输入 X、Y 坐标值或者选择【屏幕选择】复选框。

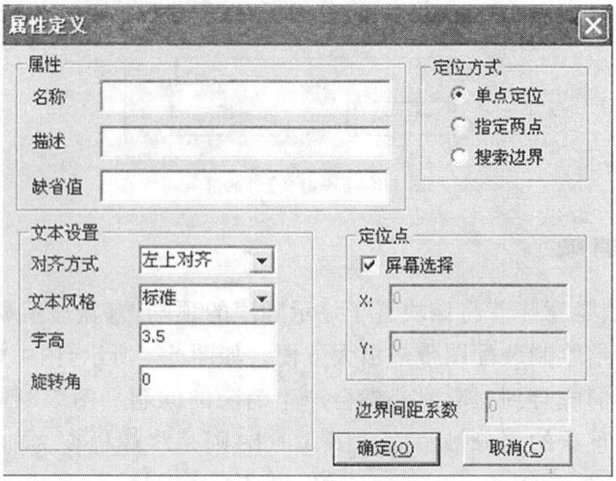

图 5-4 【属性定义】对话框

● 【文本设置】选项区用于指定属性文字的对齐方式、文本风格、字高和旋转角。

单击【确定】按钮退出对话框,完成块属性定义。

如果在【属性定义】对话框中选择了【屏幕选择】定位点,则退出对话框后还需要指定属性文字在块中的位置。

如果要使一个块具有几个属性,应分别创建每个属性定义,然后将它们包含在同一个块定义中。

5.1.5 插入块

定义了块之后,在需要绘制块图形时,通过插入块实现。插入块操作是将已定义的块按照用户指定的位置、比例和旋转角插入到图形中。相对于块定义,插入到图形中的块称为块引用。

单击【块插入】命令按钮 或启动 insertblock 命令,将弹出如图 5-5 所示的对话框。

图 5-5 【块插入】对话框

其中各选项的用法如下:

● 在【名称】输入框中输入数据或单击右侧下拉箭头,在【名称】下拉列表中选择要插入的块名。

● 在【比例】输入框中指定要插入块的缩放比例。

● 在【旋转角】输入框中输入要插入的块在当前图形中的旋转角度。

单击【确定】按钮退出对话框,指定块的插入点即完成块插入操作。

如果插入的块中包含了属性,在插入块时会弹出如图 5-6 所示的【属性编辑】对话框。双击【属性值】下方单元格即可编辑属性。

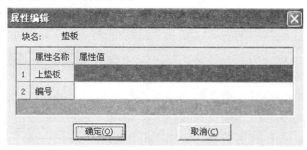

图 5-6　【属性编辑】对话框

5.1.6　块引用中块内对象的属性

图形对象的基本特性包括图层、线型、线宽、颜色。块内的对象在当前图形中显示的特性有如下规则:

● 当定义块时,如果构造块的对象位于 0 层上,且其颜色、线型和线宽特性都是"随层",则块内对象在当前图形中显示其所在图层的属性,而不受当前线型、线宽、颜色的影响。

● 定义块时非 0 层上的对象和那些对象特性不为"随层"和"随块"的对象,则保持其原来的对象属性,不受当前对象特性的影响。

● 定义块时那些属性为"随块"的对象在构成块后,其属性随图形当前特性设置而变化,即块内对象的属性受当前对象特性的控制。

图 5-7 说明了块引用中块内对象的属性变化情况。

图 5-7(a)表示了定义为块前块内对象所属图层及线型特性;图 5-7(b)为块插入到虚线层上,当前线型特性为"随层"时块内对象线型特性的变化;图 5-7(c)为块插入到虚线层上,当前线型特性为"实线"时块内对象线型特性的变化。

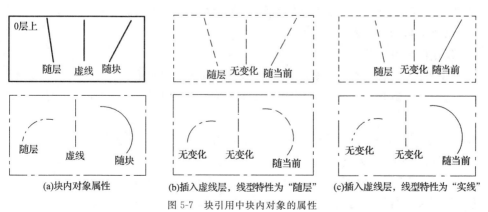

(a)块内对象属性　　(b)插入虚线层,线型特性为"随层"　　(c)插入虚线层,线型特性为"实线"

图 5-7　块引用中块内对象的属性

注意:块被分解以后,其中对象的属性又恢复到其块定义前的状态。

5.1.7 编辑块

编辑块包括修改块定义和修改块引用。修改块定义即改变构成块的对象组成,以更新图纸中所有的块引用;修改块引用是修改某个块的插入状态,包括插入的图层、插入点、比例和旋转角等。

1. 修改块定义

如果当前图形已经定义了块,创建块时输入名称与当前图形内已有块名称相同,则会弹出如图 5-8 所示对话框。

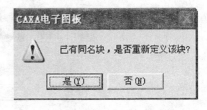

图 5-8 创建块提示对话框

单击【是】将覆盖已有的块定义,当前图形中相应的块引用均会进行更新。这也是使用块优越于图形复制的一个方面。单击【否】重新回到【块定义】对话框。

电子图板还提供了方便的块编辑和块在位编辑两种功能,用于修改已定义的块。

(1)块编辑

单击按钮或键入 bedit 命令,可以启动【块编辑】命令。

启动【块编辑】命令后,拾取要编辑的块即进入块编辑状态,这时,在功能区(Fluent风格界面)增加了一个【块编辑器】选项卡,或在工具栏区(经典界面)增加了一个【块编辑器】工具栏,其中包括【属性定义】和【退出块编辑】两个命令按钮,如图 5-9 所示。在块编辑状态,块处于定义之前的状态,和普通绘图编辑过程一样,可以对其进行各种操作。

(a)Fluent风格界面下的【块编辑器】选项卡   (b)经典界面下的【块编辑器】工具栏

图 5-9 进入块编辑状态后系统增加的命令

修改完毕后单击【退出块编辑】命令按钮,将提示是否修改,单击【是】保存对块的编辑修改,单击【否】取消本次块编辑操作。

(2)块在位编辑

与块编辑的区别是,在位编辑块时并不退出当前图形,绘图区中其他对象的显示状态不改变,这为块编辑时参照当前图形中的其他对象提供了方便。而块编辑只显示块内的对象。

单击按钮或键入 refedit 命令,然后拾取图形中的一个块即进入块在位编辑状态。这时,在功能区(Fluent 风格界面)增加了一个【块在位编辑】选项卡,或在工具栏区(经典界面)增加了一个【块在位编辑】工具栏,如图 5-10 所示。其中各按钮的含义如下:

【添加到块内】:从当前图形中拾取其他对象加入到正在编辑的块定义中。

【从块内移出】:将正在编辑的块中的对象移出块到当前图形中。

【保存退出】:保存对块定义的编辑操作并退出块在位编辑状态。

(a)Fluent风格界面下的【块在位编辑】选项卡　(b)经典界面下的【块在位编辑】工具栏

图 5-10　进入块在位编辑状态后系统增加的命令

【不保存退出】:取消此次对块定义的编辑操作。

和块定义一样,在块编辑时,块内对象处于块定义之前的状态,可以对其进行通常的绘图和编辑操作。

2.修改块引用

通过【特性】选项板可以查看和修改块引用。选中一个块并打开【特性】选项板,如图5-11所示。

从中可以修改块插入的层、线型、线型比例、线宽、颜色等特性,以及定位点、旋转角、缩放比例、属性定义的内容、消隐选择等。

5.1.8　修改块属性

块属性的修改主要包括属性数据编辑和属性定义编辑两个方面。

块属性数据的编辑方法为:双击要修改的块,在弹出的如图 5-6 所示的【属性编辑】对话框中进行编辑,也可以通过【特性】选项板进行编辑。

图 5-11　【特性】选项板

块属性定义的编辑方法为:使用块编辑器或者对块进行在位编辑,进入块的编辑状态,然后双击【属性定义】命令按钮 或者通过【特性】选项板修改,修改完毕保存块定义即可。

注意:对块属性定义的修改对已插入的块引用并不生效,但之后插入这个同名的块时,块属性定义将使用新修改的。

5.2　图库

5.2.1　概述

图库是由各种图符组成的,而图符是由一些基本图形对象组合而成的,可具有参数、属性、尺寸等多种特殊属性的对象。通过提取图符可以按所需参数快速生成某个特定的图形对象,并且方便以后的各种编辑操作。

图符按照是否参数化分为参数化图符和固定图符。图符可以由一个视图或多个视图(不超过六个视图)组成。图符的每个视图在提取出来时可以定义为块,因此在调用时可以进行块消隐。利用图库及块操作,为用户绘制零件图、装配图等工程图纸提供了极大的方便。

电子图板的图库具有以下几个特点:

(1)图符丰富

电子图板的图库包含几十个大类、几百个小类、总计3万多个图符,包括各种标准件、电气元件、工程符号等,可以满足各个行业快速出图的要求。

(2)符合标准

电子图板图库中的基本图符均按照国家标准制作,确保生成的图符符合标准规定。

(3)开放式

电子图板的图库是完全开放式的,除了软件安装后附带的图符外,用户可以根据需要定义新的图符,从而满足多种需要。

(4)参数化

电子图板的图符是完全参数化的,可以定义尺寸、属性等各种参数,方便图符的生成和管理。

(5)目录式结构

电子图板的图库采用目录式结构存储,便于进行图符的移动、拷贝、共享等。

这里只介绍图库功能中最基本和常用的操作,即提取图符、驱动图符和定义图符。此外,电子图板还提供了图库管理和图库转换功能,本书略。如图5-12所示,这些命令可以通过以下方式启动:

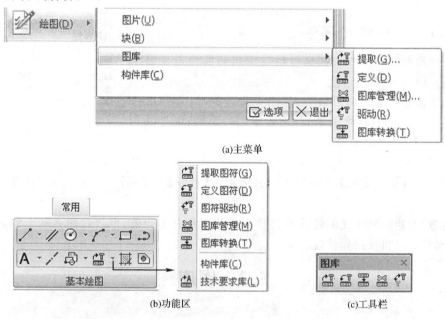

图 5-12　图库操作命令

- 主菜单:【绘图】→【图库】子菜单;
- 功能区:【常用】→【基本绘图】→按钮 下拉列表;
- 工具栏:【图库】;
- 命令或快捷键。

而提取图符又可以通过【图库】选项板进行拖放式的操作。

5.2.2 提取图符

通过提取图符将符合需要的图符配置参数后从图库中提取出来,添加到当前图形中。因参数化图符和非参数化图符提取过程有所不同,下面分别介绍。

1. 参数化图符的提取

单击按钮 🔛 或执行 sym 命令,打开【提取图符】对话框,如图 5-13 所示。也可以打开【图库】选项板(其内容与【提取图符】对话框相同)进行相应操作。

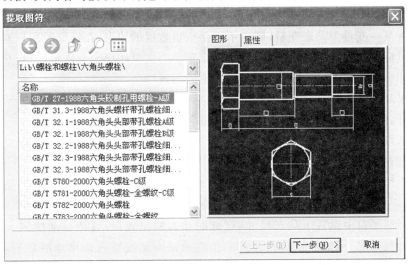

图 5-13　【提取图符】对话框

在图 5-13 所示对话框中,左半部为图符选择部分,右半部为拾取图符的预显区。图符的检索过程类似于 Windows 资源管理器操作。通过文件操作检索到需要的图符后,单击【下一步】按钮,进入到【图符预处理】对话框,如图 5-14 所示。

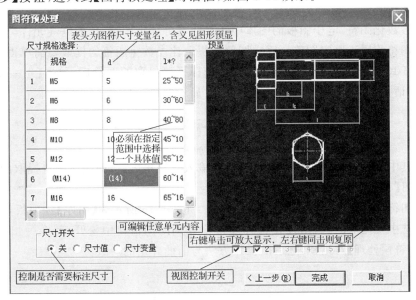

图 5-14　【图符预处理】对话框

【图符预处理】对话框中需说明的是：

（1）尺寸变量名后若带有"＊"号，说明该变量为系列变量，它所对应的列中，只给出了一个范围，如"10～50"，用户必须从中选取一个具体值。用鼠标左键单击相应单元格，其右端会出现一个下拉按钮，单击该按钮后，将列出当前范围内的所有系列值，从中选择一个数值后，相应单元格内显示该值。若列表框中没有用户所需的值，用户还可以直接在单元格内输入新的数值。

（2）若变量名后带有"？"号，则表示该变量可以设定为动态变量。动态变量的尺寸值不限定。

若设置某一变量为动态变量，则它不再受给定数据的约束，在提取时用户通过键入新值或拖动鼠标，可任意改变该变量的大小。设置动态变量的操作方法很简单，只需用鼠标右键单击相应单元格即可，这时在单元格数值后出现"？"。

（3）【尺寸开关】选项区中，【关】表示提取后不标注任何尺寸；【尺寸值】表示提取后标注实际尺寸；【尺寸变量】表示只标注尺寸变量名，而不标注实际尺寸。

对话框设置完成后，单击【完成】按钮，系统重新返回到绘图状态，此时用户可以看到图符已"挂"在了十字光标上。

根据系统提示指定图符定位点和图符旋转角度（直接单击鼠标右键可接受系统默认的0°）。

如果当前图符中设置了动态尺寸，则此时状态栏出现提示【请拖动确定 xx 的值：】，其中"xx"为尺寸名，用鼠标拖动到合适的位置单击左键或键入该尺寸的数值，即可确定该尺寸的最终大小。图符中可以含有多个动态尺寸。

若设置了提取图符的多个视图，则十字光标依次挂上其他视图进行插入操作。当一个图符的所有打开的视图提取完毕以后，系统开始重复提取，单击鼠标右键确认可结束提取操作。

2.固定图符的提取

除了参数化图符，电子图板的图库中还有一部分固定图符，比如电气元件类和液压符号类中的图符均属于固定图符。固定图符的提取比参数化图符的提取要简单得多。

在图 5-13 所示的【提取图符】对话框中选择了要提取的图符后，单击【下一步】→【完成】退出对话框，图符出现在十字光标上，同时显示如图 5-15 所示的立即菜单。

图 5-15　固定图符提取立即菜单

确认其中设置，按系统提示选择定位点、输入旋转角之后，即完成图符提取的操作。

3.利用【图库】选项板提取图符

提取图符还可以通过【图库】选项板进行。如图 5-16 所示为【图库】选项板，在【图库】选项板中选中要提取的图符，按住鼠标左键拖放到绘图窗口中松开，就会弹出如图 5-14 所示的【图符预处理】对话框，之后的操作方法与前面介绍的一致。

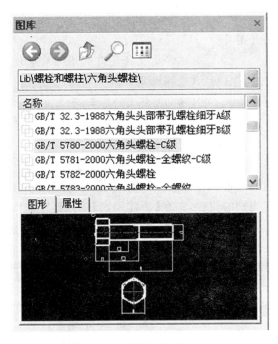

图 5-16 【图库】选项板

5.2.3 驱动图符

驱动图符,就是对已提取出的没有打散的图符,进行更换图符或者改变图符的尺寸规格、尺寸标注和控制图符输出形式等的操作。

单击按钮 或键入 symdrv 命令,或用鼠标左键直接双击要驱动的图符,即可启动【驱动图符】命令。

启动【驱动图符】命令后,图形中所有未被打散的图符将被加亮显示。此时拾取想要变更的图符,屏幕上弹出【图符预处理】对话框,与提取图符的操作一样,可重新设置图符的各选项。修改完成单击【完成】按钮后,绘图区内原图符被修改后的图符代替,但图符的定位点和旋转角不改变。

5.2.4 定义图符

通过定义图符,用户可以根据实际需要,建立自己的图库,以对图库进行扩充。

单击按钮 或键入 symdef 命令,可启动【定义图符】命令。

图符有固定图符和参数化图符,其定义方法有所区别,下面分别进行介绍。

1. 定义固定图符

不需要进行参数驱动的图形可以作为固定图符创建到图库中,以备方便调用。

定义图符时,首先在绘图区绘制出所要定义的图形。图形尽量按照实际的尺寸比例准确绘制。

其定义过程如下:

命令：

启动执行命令："定义图符"

请选择第 1 视图：   （选择定义为图符的图形对象）

对角点：✓   （选择结束）

请单击或输入视图的基点：   （确定图符上的基点,基点是图符提取时的定位基点）

请选择第 2 视图：   （继续选择第二个视图）

……   （重复前面的操作）

✓   （确认）

确定最后一个视图的元素和基点后,弹出【图符入库】对话框,如图 5-17 所示。在对话框左边选择图符所在类别的位置,并在【新建类别】输入框中输入一个新的类别名（如果不输入新类别名,则创建的新图符直接置于左侧选择的类别中）,在【图符名称】输入框中输入此图符的名称。

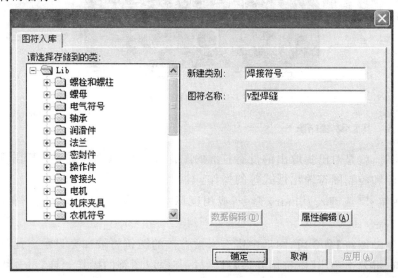

图 5-17 【图符入库】对话框

如果图符带有属性,则单击【属性编辑】按钮,弹出如图 5-18 所示的【属性编辑】对话框。

电子图板默认提供了十个属性。用户可以增加新的属性,也可以删除默认属性或其他已有的属性。要增加新属性时,直接在表格最后左端选择区双击鼠标左键即可。将光标定位在任一行,按 Insert（或 Ins）键则在该行前面插入一个空行,以供在此位置增加新属性。要删除一行属性时,用鼠标左键单击该行左端的选择区以选中该行,再按 Delete 键。

图 5-18 【属性编辑】对话框

所有项都填好以后,单击【确定】按钮,可把新建的图符加到图库中。

此时,固定图符的定义操作全部完成,用户再次提取图符时,可以看到新建的图符已出现在相应的类中。

2.定义参数化图符

将图符定义成参数化图符,提取时可以对图符的尺寸加以控制,因此它比固定图符的使用更加灵活,应用面也更广。

定义图符前应首先在绘图区内绘制出所要定义的图形。图形应尽量按照实际的尺寸比例准确绘制,并进行必要的尺寸标注。

定义参数化图符时对图形有以下几点要求:

(1)图符中的剖面线、块、文字和填充等都需要指定定位点。由于程序对剖面线的处理是通过一个定位点去搜索该点所在的封闭环,而电子图板的【剖面线】命令能通过多个定位点一次画出几个剖面区域。所以在绘制图符的过程中画剖面线时,必须对每个封闭的剖面区域都单独用一次【剖面线】命令。

(2)图形上的尺寸在不影响定义和提取的前提下应尽量少标,以减少数据输入的负担。如值固定的尺寸可以不标,两个有确定关系的尺寸可以只标一个,如螺纹小径在制图中通常画成大径的 0.85 倍,所以可以只标大径 d,而把小径定义成 $0.85*d$。

(3)图符绘制应尽量精确,绘制图符时最好从标准给出的数据中取一组作为绘图尺寸,这样图形的比例比较匀称。

下面以定义一个垫圈为例介绍定义参数化图符的步骤。

绘制如图 5-19 所示图形(包括图上的标注),执行【定义图符】命令。

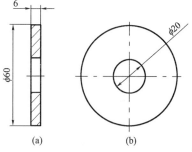

图 5-19　绘制的图形

其操作过程可分为如下四个步骤:

(1)视图定义

启动执行命令:"定义图符"

请选择第 1 视图:　　　　　　(拾取图 5-19(a)的所有元素,拾取完后单击鼠标右键确认)

请单击或输入视图的基点:　　　(拾取图 5-19(a)上指定点为该视图的基点)

请为该视图的各个尺寸指定一个变量名　　(拾取 $\phi60$,该尺寸变为高亮显示)

请输入变量名:　　　　　　(在弹出的编辑框中输入该尺寸的变量名"d")

　　　　　　　　　　　　　(退出对话框,尺寸恢复原来颜色)

请为该视图的各个尺寸指定一个变量名　　(拾取尺寸 6,尺寸 6 变为高亮显示)

请输入变量名:　　　　(输入该尺寸的变量"h")

系统会重复提示给视图上的尺寸指定变量名,直至该视图上标注的每个尺寸都指定了对应的变量名。接下来提示:

单击鼠标右键进入下一步或拾取并修改尺寸名 ↙　(单击鼠标右键确认进入下一步)

这一步系统允许修改前面已命名的尺寸变量,或单击鼠标右键确认进入下一步。

请选择第 2 视图　　　(拾取图 5-19(b)的所有元素,拾取完后单击鼠标右键确认)

……

系统重复前面的步骤以定义所有视图、基点和尺寸变量名。

（2）元素定义

当全部视图都处理完后，弹出如图 5-20 所示的【元素定义】对话框。

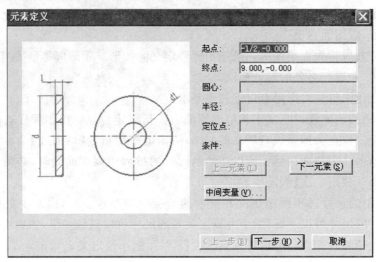

图 5-20 【元素定义】对话框

元素定义是对图符进行参数化，使图符的形状和大小根据其尺寸变量的不同取值而改变。其作法就是把图符上除尺寸标注以外的每一个元素的各个定义点相对基点的坐标值用尺寸变量表达式表示出来。用户可以通过【上一元素】和【下一元素】两个按钮来查询和修改每个元素的定义表达式，也可以直接用鼠标左键在预览区中拾取。如果预览区中的图形比较复杂，则可用鼠标右键单击图符预览区，预览区中的图形将按比例放大，以方便用户观察和拾取，当鼠标左键和右键同时按下时，预览区中的图形将恢复最初的大小。

电子图板会自动生成一些简单的元素定义表达式，而且随着元素定义的进行，电子图板会根据已定义的元素表达式不断地修改、完善未定义的元素表达式。

例如，图 5-19(a)中有 6 条轮廓线、两处剖面线和一条中心线。用图符定义中指定的三个尺寸变量 d、d_1 和 h，定义上述图符元素的元素定义见表 5-1。

表 5-1 图符元素定义

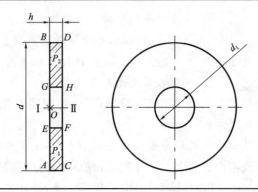

（续表）

定位点	$O(0,0)$		轮廓 BD	$B(0,d/2)$	$D(h,d/2)$
轮廓 AB	$A(0,-d/2)$	$B(0,d/2)$	轮廓 EF	$E(0,-d_1/2)$	$F(h,-d_1/2)$
轮廓 CD	$C(h,-d/2)$	$D(h,d/2)$	轮廓 GH	$G(0,d_1/2)$	$H(h,d_1/2)$
轮廓 AC	$A(0,-d/2)$	$C(h,-d/2)$	中心线 Ⅰ Ⅱ	$Ⅰ(-3,0)$	$Ⅱ(h+3,0)$
设中间变量 p			$p=(d+d_1)/2$		
剖面线定义点 P_1	$P_1(h/2,-p)$		剖面线定义点 P_2		$P_2(h/2,p)$

在上述元素定义中，下面三点处理方法是值得注意的。

①中心线的定义

因图形中心线要求超出轮廓 2～3 毫米，故其起、终点Ⅰ和Ⅱ定义为：$Ⅰ(-3,0)$，$Ⅱ(h+3,0)$。

②定义剖面线的定位点

剖面线的定位点应选取一个在尺寸变量取各种不同的值时都能保证总在封闭边界内的点。在表 5-1 中两处剖面线的定位点 P_1 和 P_2 都取在各自剖面区域的中心处，故其相对基点的坐标分别为：$P_1(h/2,-p)$、$P_2(h/2,p)$，其中 $p=(d+d_1)/2$。

③关于中间变量

该例中在定义剖面线的定位点时用了一个变量 p，使得剖面线定位点的坐标表达式变得非常简洁。这个变量 P 就是中间变量。中间变量主要是用来把一个使用频度较高或比较长的表达式用一个变量来表示，以简化表达式，方便建库，提高提取图符时的计算效率。

定义中间变量的操作是：单击图 5-20 所示的【元素定义】对话框中的【中间变量】按钮，系统将弹出用于定义中间变量的【中间变量】对话框，如图 5-21 所示。在对话框中【变量名】下的一个单元格中输入中间变量名，在【变量定义表达式】下的对应单元格中输入表达式，单击【确定】按钮，该变量就可为后续表达式使用了。

（3）变量属性定义

当元素定义完成后，单击【下一步】按钮，将弹出【变量属性定义】对话框，如图 5-22 所示。

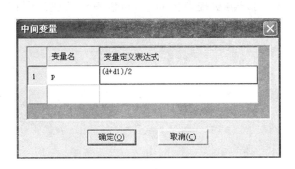

图 5-21 【中间变量】对话框

图 5-22 【变量属性定义】对话框

该对话框用来定义变量是否为系列变量和动态变量(系列变量和动态变量的含义见5.2.2)。系统默认均为【否】,即变量既不是系列变量,也不是动态变量。用鼠标左键单击相应的单元格,其中的字变成蓝色,这时可用空格键切换【是】和【否】,也可直接键入 y 或 n 进行切换。变量的序号从 0 开始,决定了在输入标准数据和选择尺寸规格时各个变量的排列顺序。序号的顺序可以编辑修改。

(4)图符入库

变量属性定义完成后单击【下一步】按钮,此时,屏幕上弹出【图符入库】对话框(图 5-17)。在【图符入库】对话框中为新建图符选择一个所属类,在【图符名称】文本框中输入新建图符的名称。

如需要为图符设置属性,单击【属性编辑】按钮,弹出【属性编辑】对话框。【属性编辑】对话框的操作与前面固定图符定义相同,此处从略。

如果定义的图符有预置数据系列,则单击【数据编辑】按钮,进入【标准数据录入与编辑】对话框,如图 5-23 所示,其中的尺寸变量按【变量属性定义】对话框中指定的顺序排列。

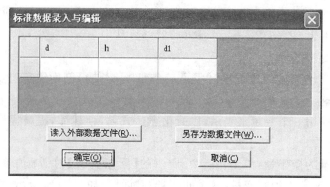

图 5-23 【标准数据录入与编辑】对话框

该对话框对输入的数据提供了以行为单位的各种编辑功能。可以插入、删除行,可以对单行、多行或单元格进行剪切、拷贝和粘贴操作,可以调整各列的宽度。

单击对话框中的【另存为数据文件】按钮,可将录入的数据存储为数据文件,以备后用;也可以通过【读入外部数据文件】按钮从外部数据文件中读取数据。

所有项都填好以后,单击【确定】按钮,可把新建的图符加到图库中。

此时,参数化图符的定义操作全部完成,用户再次提取图符时,可以看到新建的图符已出现在相应的类中。

第6章

图形共享与装配图

6.1　图形共享

　　CAXA 电子图板在不同的图形文件之间以及同一文件的不同图纸之间都可以实现图形共享。共享的范围也可以是整个图形文件或一个图形文件的某些图素。实现图形共享主要通过两种方式:图形存储和并入,图形复制与粘贴。

6.1.1　图形存储和并入

　　这种方法是通过将需要共享的图形或图素通过【部分存储】命令存储为一个独立的图形文件,再通过【并入文件】命令并入到当前图形中来实现图形共享的。当某一个图形需要经常使用时,最好把它作为一个文件存储起来。

　　【部分存储】和【并入文件】操作见第 1 章 1.2 文件操作,此处从略。

6.1.2　图形复制与粘贴

　　图形复制与粘贴是利用 Windows 操作系统的剪贴板实现不同文件或不同图纸之间的图形共享。

　　1.复制

　　该命令用于将选中的图形存入剪贴板中,以供图形粘贴时使用。

　　用以下方式可以启动【复制】命令:

- 主菜单:【编辑】→【复制】;
- 功能区:【常用】→【常用】→按钮 ;
- 工具栏:【标准】→按钮 ;
- 命令:copyclip↙;
- 快捷键:Ctrl+C。

　　启动【复制】命令后,拾取要复制的图形对象并确认,所拾取的图形对象被存储到 Windows 的剪贴板,以供粘贴使用。

　　该命令也支持先拾取后操作,即先拾取图形对象再执行【复制】命令。

2.带基点复制

该命令也用于复制对象,与【复制】命令的区别是:【带基点复制】命令操作时要指定图形的基点,粘贴时也要指定基点放置对象;而【复制】命令执行时不需要指定基点,粘贴时默认的基点是拾取对象的左下角点。

用以下方式可以启动【带基点复制】命令:

● 主菜单:【编辑】→【带基点复制】;

● 功能区:【常用】→【常用】→【带基点复制】命令按钮 ；

● 工具栏:【标准】→按钮 ；

● 命令:copywb ↙;

● 快捷键:Ctrl+Shift+C。

【带基点复制】命令在由零件图绘制装配图时非常实用。

3.粘贴

该命令用于将剪贴板中的内容粘贴到指定位置。

用以下方式可以启动【粘贴】命令:

● 主菜单:【编辑】→【粘贴】;

● 功能区:【常用】→【常用】→按钮 ；

● 工具栏:【标准】→按钮 ；

● 命令:pasteclip ↙;

● 快捷键:Ctrl+V。

4.粘贴为块

与【粘贴】命令一样,所不同的是图形以"块"的形式粘贴到指定位置。该命令在由零件图绘制装配图时非常具有优势。

用以下方式可以启动【粘贴为块】命令:

● 主菜单:【编辑】→【粘贴为块】;

● 功能区:【常用】→【常用】→【粘贴为块】;

● 命令:pasteblock ↙;

● 快捷键:Ctrl+Shift+V。

6.2　装配图

6.2.1　由零件图绘制装配图

由零件图绘制装配图时,可以运用图形共享将各零件所需的视图以"块"的形式拼接到装配图文件中,运用块的【消隐】功能和图形要素的显示顺序控制可方便处理零件的可见性,不仅提高了装配图绘图速度,而且可以更清楚地反映零件与装配体的关系。

装配图的绘图方法详见第二篇实例6,此略。

6.2.2　零件序号标注

在 CAXA 电子图板 2009 中与零件序号标注相关的命令包括【序号样式】、【生成序号】、【删除序号】、【编辑序号】和【交换序号】等,组织在如图 6-1 所示的各界面元素中。

　(a)【序号】面板　　　　　　(b)【序号】工具栏　　　　　(c)【序号】子菜单

图 6-1　零件序号相关命令

1.零件序号样式控制

一般情况下,使用 CAXA 电子图板提供的默认序号样式即可,必要时可以通过【序号样式】命令来定义不同的零件序号样式。

可通过以下方式启动【序号样式】命令:

● 主菜单:【格式】→【序号】;

● 工具栏:【序号】→按钮;

● 功能区:【图幅】→【序号】→按钮;

● 命令:ptnotype。

启动【序号样式】命令后,弹出如图 6-2 所示的【序号风格设置】对话框。通过该对话框可以设置序号的箭头样式、文本样式、引出序号格式、特性显示,以及序号的尺寸参数,如横线长度、圆圈半径、垂直间距等。

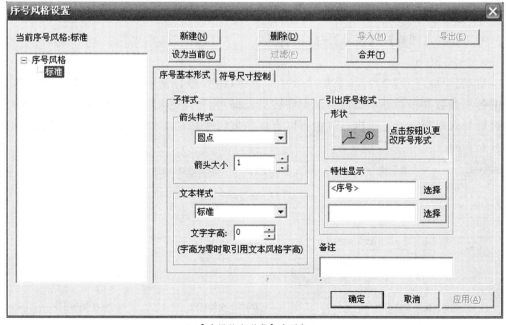

(a)【序号基本形式】选项卡

图 6-2　【序号风格设置】对话框

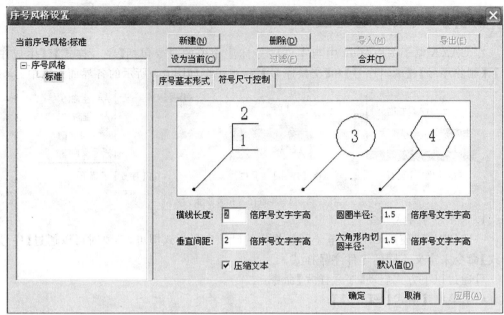

(b)【符号尺寸控制】选项卡

图 6-2 【序号风格设置】对话框

2. 生成序号

通过【生成序号】命令按当前序号样式生成指定零件的序号。

命令的启动方式有：

- 主菜单：【幅面】→【序号】→【生成】；
- 工具栏：【序号】→按钮 $\frac{1,2}{}$；
- 功能区：【图幅】→【序号】→按钮 $\frac{1,2}{}$；
- 命令：ptno↙。

启动【生成序号】命令后，系统显示立即菜单（图 6-3）并提示：【引出点：】，设置立即菜单的各项参数并根据提示指定引出点和转折点即可，指定转折点时可以通过已生成的序号进行导航对齐。指定引出点时也可以直接拾取已生成的零件序号，生成的连续序号如图 6-4 所示。

1.序号= 1	2.数量 1	3. 水平 ▼	4. 由内向外 ▼	5. 生成明细表 ▼	6. 不填写 ▼	7. 单折 ▼

图 6-3 生成序号立即菜单

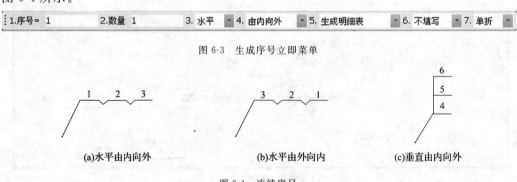

(a)水平由内向外   (b)水平由外向内   (c)垂直由内向外

图 6-4 连续序号

生成的零件序号与当前图形中的明细表是关联的。在生成零件序号的同时，可以通过立即菜单切换是否填写明细表中的属性信息。

如果生成序号时指定的引出点是在从图库中提取的图符上,这个图符本身带有属性信息,将会自动填写到明细表对应的字段上。

立即菜单的各选项说明如下:

(1)【1.序号=序号值】

这里系统会根据当前的序号自动显示一个新的序号值,新序号值为当前序号值加 1。也可以输入一个序号,如果输入的序号值大于图上最大序号值加 1 时,系统会弹出如图6-5 所示的对话框。如果选择【是】,则系统将忽略输入的序号值,按应该的顺序“当前最大序号加 1”编号;如果选择【否】,则系统按照用户输入编号插入明细表。

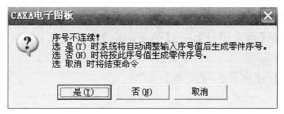

图 6-5　序号插入方式提示对话框

如果序号值与图上已有的序号重号,系统弹出如图 6-6 所示的对话框。如果选择【插入】,则插入该序号,而与之重号的及其之后的其他序号依次顺延;如果选择【自动调整】,则忽略当前序号输入,按应该的顺序“当前最大序号加 1”编号;如果选择【取重号】,则生成与已有序号重复的序号;如果选择【取消】,则取消该操作。

图 6-6　重号提示对话框

(2)【2.数量】~【4.由内向外/由外向内】

这几项都与连续编号方式相关。参见图 6-3,其中,【2.数量】指定一次生成序号的数量。若数量大于 1,则采用公共指引线形式表示;【3.水平/垂直】选择共用一个指引线的几个序号的排列方向;【4.由内向外/由外向内】决定零件序号标注方向。

(3)【5.生成明细表/不生成明细表】

选择是否生成明细表,一般选择【生成明细表】。

(4)【6.填写/不填写】

选择是否在标注完当前零件序号后即填写明细栏,一般选择【不填写】,之后利用明细栏的填写表项或读入数据等方法一次填写。

3.删除序号

删除一个零件序号后,对应的明细表一行也会删除,并且其他序号数值也会关联更新。如果直接选择序号,使用【删除】功能进行删除,则不适用以上规则,序号不会自动连续,明细表相应表项也不会被删除。

命令的启动方式有:

● 主菜单:【幅面】→【序号】→【删除】;

- 工具栏：【序号】→按钮 ;
- 功能区：【图幅】→【序号】→按钮 ;
- 命令：ptnodel↙。

启动命令后，根据提示拾取要删除的零件序号并确认，该序号即被删除。对于多个序号共用一条指引线的序号结点，如果拾取位置为序号，则删除被拾取的序号；如果拾取到其他部位，则删除整个结点。如果所要删除的序号没有重名的序号，则同时删除明细表中相应的表项，否则只删除所拾取的序号。如果删除的序号为中间项，系统会自动将该项以后的序号值顺序减 1，以保持序号的连续性。

4. 编辑序号

该命令用于编辑零件序号的位置。如果是连续序号，可以设置方向是【水平】或【垂直】，也可以指定序号是【由内向外】还是【由外向内】。

命令的启动方式有：

- 主菜单：【幅面】→【序号】→【编辑】；
- 工具栏：【序号】→按钮 ;
- 功能区：【图幅】→【序号】→按钮 ;
- 命令：ptnoedit↙。

启动命令后，按系统提示进行拾取。如果拾取的是序号的指引线，所编辑的是序号引出点及引出线的位置；如果拾取的是序号的序号值，系统提示【转折点：】，输入转折点后，所编辑的是转折点及序号的位置。

5. 交换序号

该命令用于交换序号的位置，并根据需要交换明细表内容。

命令的启动方式有：

- 主菜单：【幅面】→【序号】→【交换】；
- 工具栏：【序号】→按钮 ;
- 功能区：【图幅】→【序号】→按钮 ;
- 命令：ptnochange↙。

启动【交换序号】命令后，根据提示先后拾取要交换的序号即可。在立即菜单中可以切换是否交换明细表的内容。如果要交换的序号为连续标注，则交换时会弹出如图 6-7 所示的提示对话框，选择待交换的序号即可。

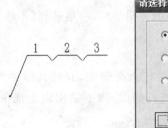
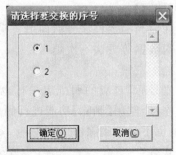

图 6-7 【请选择要交换的序号】对话框

6.2.3　明细表

与明细表绘图相关的命令有【明细表样式】、【填写明细表】、【删除表项】、【表格折行】、
【插入空行】、【数据库操作】、【输出明细表】等,组织在如图 6-8 所示的界面元素中。

(a)【明细表】面板　　　　　　(b)【明细表】子菜单　　　　　(c)【明细表】工具栏

图 6-8　明细表相关命令

1.明细表样式

用于定义不同的明细表样式,功能包含定制表头、颜色与线宽、文字等,通过这些功能
可以定制各种样式的明细表。使用系统默认的样式可以满足一般需要,当必要时用以下
方式可以启动【明细表样式】命令:

* 主菜单:【格式】→【明细表】;
* 工具栏:【明细表】→按钮 ;
* 功能区:【图幅】→【明细表】→按钮 ;
* 命令:tbltype✓。

命令启动后系统弹出如图 6-9 所示的对话框。

(1)定制明细表表头:图 6-9 中显示的即为【定制表头】选项卡,在此可以按需要增删
和修改明细表的表头内容。

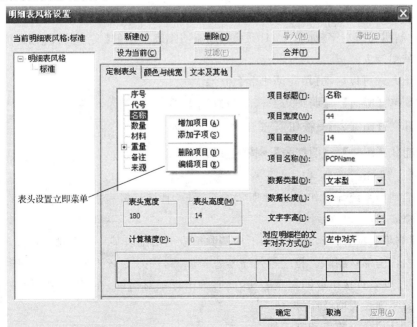

图 6-9　【明细表风格设置】对话框——【定制表头】选项卡

①显示、编辑表项内容:在表项名称列表框中列出了当前明细表的所有表头字段及其内容。单击其中的一个字段,然后可以在右边选项区域修改这个字段的参数。

②修改表头字段:在【定制表头】选项卡左边的表项名称列表框中单击鼠标右键,弹出如图 6-9 中所示表头设置立即菜单。

(2)定制明细表颜色与线宽:如图 6-10 所示为定制明细表颜色与线宽的【颜色与线宽】选项卡。

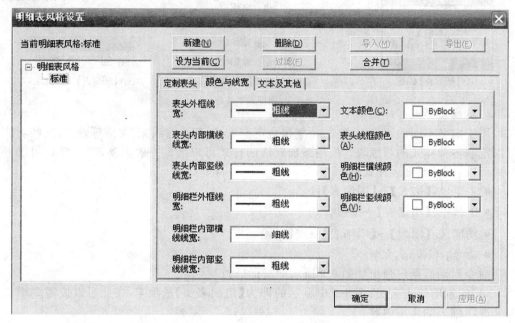

图 6-10 【明细表风格设置】对话框——【颜色与线宽】选项卡

(3)定制明细表文字:如图 6-11 所示为定制明细表文字的【文本及其他】选项卡。

2. 填写明细表

用以下方式可以启动【填写明细表】命令:

● 主菜单:【幅面】→【明细表】→【填写】;

● 工具栏:【明细表】→按钮 ▣;

● 功能区:【图幅】→【明细表】→按钮 ▣;

● 命令:tbledit ↙。

命令启动后系统弹出如图 6-12 所示的对话框,直接编辑表格中的内容即可。

3. 删除表项

执行【删除表项】命令,从当前图形中删除拾取的明细表某一行。删除该表项时,其表格及项目内容全部被删除。相应零件序号也被删除,序号重新排列。当需要删除所有明细表表项时,可以直接拾取明细表表头,此时弹出提示对话框,在得到用户的最终确认后删除所有的明细表表项及序号。

【删除表项】命令的启动方式如下:

● 主菜单:【幅面】→【明细表】→【删除表项】;

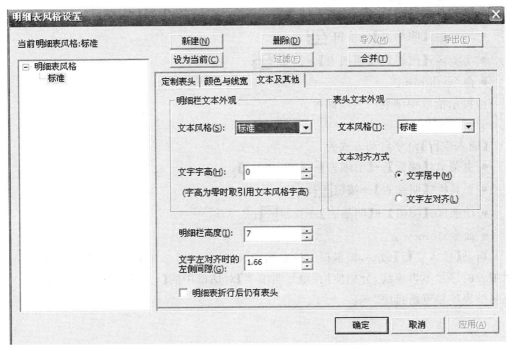

图 6-11　【明细表风格设置】对话框——【文本及其他】选项卡

图 6-12　【填写明细表】对话框

● 工具栏:【明细表】→按钮 ；
● 功能区:【图幅】→【明细表】→按钮 ；
● 命令:tbldel↙。

4.表格折行

该命令用于将已存在的明细表的表格在指定位置处向左或向右转移。转移时表格及项目内容一起转移。折行时可以通过设置折行点指定折行后内容的位置。

【表格折行】命令启动方式如下:

- 主菜单:【幅面】→【明细表】→【表格折行】;
- 工具栏:【明细表】→按钮 ;
- 功能区:【图幅】→【明细表】→按钮 ;
- 命令:tblbrk ↙。

按提示拾取明细表的表项即可。

5. 插入空行

【插入空行】命令启动方式为:

- 主菜单:【幅面】→【明细表】→【插入空行】;
- 工具栏:【明细表】→按钮 ;
- 功能区:【图幅】→【明细表】→按钮 ;
- 命令:tblnew ↙。

启动【插入空行】命令,根据提示拾取明细表的一行,即添加了一个空行。添加空行后明细表的序号不再连续,分别使用【填写明细表】对话框中的【合并】和【分解】按钮,可以实现明细表序号重新排序。

第二篇　实例篇

第二篇 中国历史

实例 1

基本操作

1.1　绘图说明

一、绘图目的

了解 CAXA 电子图板工作界面;了解命令启动和运行方式;掌握点的基本输入方法;掌握不同方向定长直线的画图方法;练习新建、存盘文件操作。

二、绘图实例

用 1∶1 比例绘制如图 1-1 所示的图形(不标注尺寸)。

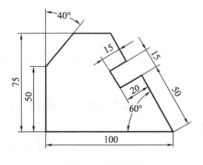

图 1-1　绘图实例

三、绘图要领

点的坐标表示和输入;各种方向定长直线画图;绘制平行线;线段修剪操作。

四、绘图基础和作图准备

(1)了解 CAXA 电子图板 2009 工作界面;命令输入和执行方法;点的坐标表示法,点捕捉设置与输入。

(2)选择 BLANK 模板新建一个文件。

(3)设置对象捕捉模式为"端点"、"交点"和"垂足",其余全部清除。

1.2　图形分析和绘图步骤

一、图形分析

如图 1-2 所示,根据图上尺寸标注,确定点 A 为绘图起点,用鼠标左键在绘图区适当的位置单击来确定。之后图上除了点 M 和 N 外,其他各点的位置均可依据给定的各线段的长度和方向来依次确定。点 M 和 N 分别是三条直线 GM、MN 和 FN 的两个交点,而这三条直线都具有确定的位置和方向,作图时通过任意指定一个长度将三条线初步确定下来,找到它们的交点,再通过修改来最终完成这三条线的画图。

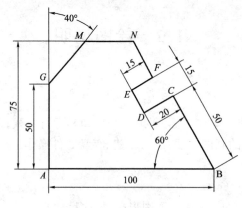

图 1-2　图形分析

二、绘图步骤

步骤 1,确定绘图起点 A,绘制线段 $ABCDEFP$(P 为线段 FN 延长线上任一点),如图 1-3 所示。

单击【直线】命令按钮 ，确认直线的立即菜单设置为【1.两点线;2.连续】。之后响应状态栏提示及绘图过程如下:

第一点(切点,垂足点):　　　　　　　　(在绘图区适当的位置上单击鼠标左键确定
　　　　　　　　　　　　　　　　　　　起点 A)

第二点(切点,垂足点):@100,0 ✓　　　(相对直角坐标确定点 B)

第二点(切点,垂足点):@50<120 ✓　　(相对极坐标确定点 C)

第二点(切点,垂足点):@20<210 ✓　　(相对极坐标确定点 D)

第二点(切点,垂足点):@15<120 ✓　　(相对极坐标确定点 E)

第二点(切点,垂足点):@15<30 ✓　　　(相对极坐标确定点 F)

第二点(切点,垂足点):@40<120 ✓　　(相对极坐标确定点 P)

第二点(切点,垂足点):✓　　　　　　　(单击鼠标右键结束直线命令)

步骤 2,绘制线段 AGQ(Q 为线段 GM 延长线上一点),如图 1-4 所示。

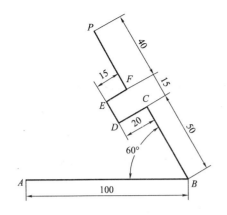

图 1-3　绘制线段 ABCDEFP

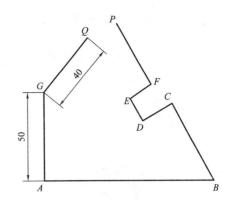

图 1-4　绘制线段 AGQ

确认将捕捉设置区设置为【智能】或【导航】,用以拾取直线的端点,如图 1-5 所示。单击鼠标右键,重复【直线】命令。

| 正交 | 线宽 | 动态输入 | 智能 · |

图 1-5　捕捉设置区设置

第一点(切点,垂足点):　　　　　　　　(光标移到 A 点外出现端点标识时单击以拾取该端点)

第二点(切点,垂足点):@0,50 ✓　　　　(相对直角坐标确定点 G)

第二点(切点,垂足点):@40<50 ✓　　　(相对极坐标确定点 Q)

第二点(切点,垂足点):✓　　　　　　　(单击鼠标右键结束直线命令)

步骤 3,绘制线段 AB 的平行线,间距 75 以确定线段 MN,如图 1-6 所示。

单击【平行线】命令按钮 //,设置命令立即菜单为【1.偏移方式;2.单向】。命令操作过程如下:

拾取直线:　　　　　　　　　　　　　(拾取线段 AB)

输入距离或点(或切点):75 ✓　　　　　(向上移动光标并键入平行线间距)

输入距离或点(或切点):✓　　　　　　(单击鼠标右键结束平行线命令)

步骤 4,修剪线段得到端点 M、N,完成图形绘制。

单击【裁剪】命令按钮 -/-,设置命令立即菜单为【1.快速裁剪】。命令操作过程如下:

拾取要裁剪的曲线:　　　　　　　　　(用光标依次单击被裁剪线段的剪断侧,如图 1-7 所示)

拾取要裁剪的曲线:✓　　　　　　　　(单击鼠标右键结束裁剪命令)

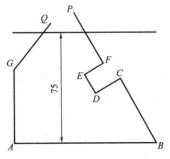

图 1-6　绘制线段 AB 的平行线

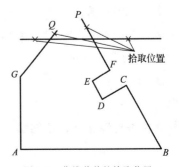

图 1-7　曲线裁剪的拾取位置

三、绘图技巧积累

各种角度定长直线的绘图方法

在CAXA电子图板中绘制确定方向的直线时，除了键入相对极坐标，还可以选择直线命令的“角度线”方式，其立即菜单如图1-8所示。其中【2】有三个选项可以选择；【3】可以选择【到点】或【到线上】。

1. 角度线
2. 直线夹角
3. 到点
4.度= 90
5.分= 0
6.秒= 0
X轴夹角
Y轴夹角
直线夹角

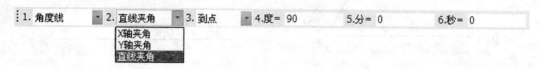

图1-8 直线命令的角度线方式立即菜单

现以本实例中在图1-9所示图形基础上绘制线段EF、FN为例，说明“角度线”方式绘图方法。

75
E
C
D
A
B

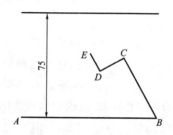

图1-9 绘制线段EF前的图形

单击【直线】命令按钮，设置直线命令的立即菜单如图1-10所示，确认捕捉设置区设置为【智能】或【导航】。绘制线段EF的过程如下：

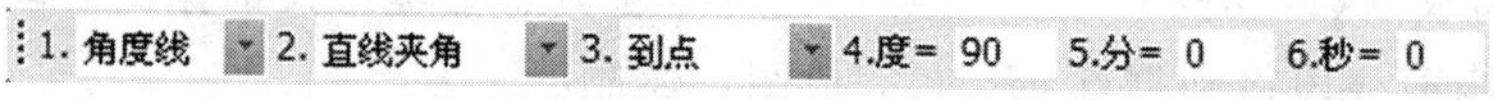

1. 角度线
2. 直线夹角
3. 到点
4.度= 90
5.分= 0
6.秒= 0

图1-10 绘制线段EF的直线命令立即菜单

拾取直线：（选择线段ED即所绘直线与直线ED夹角90°）

第一点（切点）：（光标移到端点E上捕捉该端点）

第二点（切点）或长度：15↙（向端点F方向移动光标并键入线段EF长）

单击鼠标右键重复【直线】命令[①]，单击立即菜单的【3】选项，将其设置为【到线上】，如图1-11所示。命令执行过程如下：

第一点（切点）：（移动光标到端点F捕捉该端点）

拾取曲线：（选择MN所在直线）

这样直接得到端点N。绘图结果如图1-12所示。

---

① 通过绘图区右键设置可使右键重复上次命令，参见第一篇2.1.3。

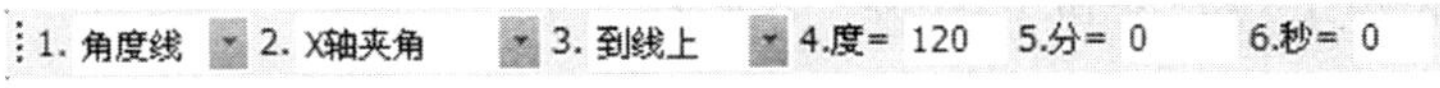

1. 角度线
2. X轴夹角
3. 到线上
4.度= 120
5.分= 0
6.秒= 0

图 1-11　绘制线段 *FN* 的直线命令立即菜单

N
F
E
C
D
A
B

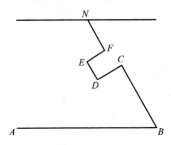

图 1-12　线段 *EF*、*FN* 绘图结果

小　结

1. 画图中使用了两种点的输入方法:坐标输入法和光标捕捉法。

2. 画图时要进行线段的尺寸分析以确定画图顺序,定位和定形尺寸齐全的线段先画,尺寸不足的线段要根据其与其他线段的关系而定。

3. 作图过程是通过“输入命令→设置命令立即菜单→响应命令提示”的交互过程完成的。命令输入方法有多种,常用的是单击命令按钮。

4. 画图过程是画线和修改的过程。

· 习　题 ·

1-1　绘制如图 1-13 所示图形(不标注尺寸)。

32
120°
60
50
22
120°
20
20

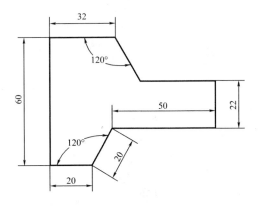

图 1-13　习题 1-1 图

1-2　绘制如图 1-14 所示图形(不标注尺寸)。

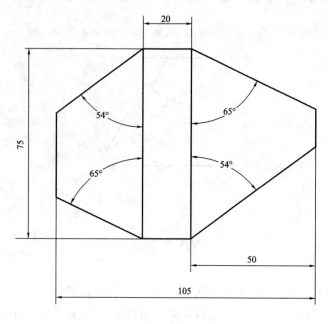

图 1-14　习题 1-2 图

实例 2

平面图形

2.1 绘图说明

一、绘图目的

掌握图层概念及使用；掌握状态栏绘图辅助工具的设置和使用方法；掌握平面图形的尺寸分析和画图步骤，掌握连接圆弧的画法；掌握常用曲线绘图和修改方法。

二、绘图实例

用 1：1 比例绘制如图 2-1 所示的图形（不标注尺寸）。

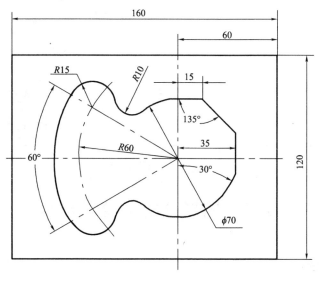

图 2-1　绘图实例

三、绘图要领

图层切换及线型控制；极轴导航和特征点导航绘制角度线；各种圆弧画图；移动图形

操作;拾取边界裁剪操作;夹点调整曲线端点位置。

四、绘图基础和作图准备

(1)图层概念,对象的层属性和对象属性的关系及控制。

(2)极轴和特征点导航的概念、设置和使用,动态输入控制。

(3)选择 BLANK 模板新建一个文件。

(4)将捕捉设置区设置为"导航"。

(5)设置对象捕捉模式为"端点"、"交点"和"垂足",其余全部清除。

(6)设置极轴增量角和特征点导航模式。

具体做法是:右键单击状态栏的捕捉设置区,在弹出的菜单中单击【设置】,打开【智能点工具设置】对话框,选择其中的【极轴导航】选项卡,【增量角】设置为 15。确认特征点导航模式为【垂直方向导航】,如图 2-2 所示。

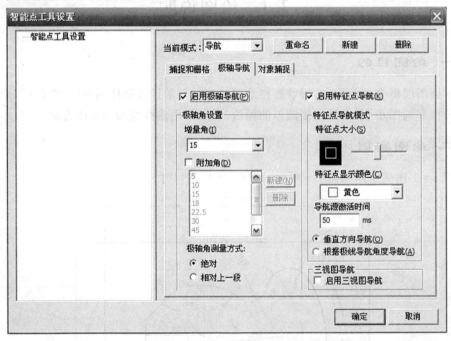

图 2-2 极轴导航设置

2.2 图形分析和绘图步骤

一、图形分析

以两条垂直相交的点画线为作图基准线,160×120 的矩形和基准线上的圆弧 $\phi70$、点画线圆弧 $R60$ 以及夹角 60°的角度线大小和位置确定可直接画出;随后可绘制左侧两个 $R15$ 的圆弧、中间长为 15 的直线段以及右端距离垂直中心线 35 的直线段;两个分别标有角度 135°和 30°的斜线段,其长度是间接确定的,为中间线段;而左侧两个 R15 之间的圆弧以及两个 R10 的圆弧的圆心都需要借助于它们与相邻线段之间的相切关系来确定,为连接圆弧,是最后画出的。

二、绘图步骤

步骤 1,绘制基准线

将中心线层切换为当前层,并确认功能区【常用】选项卡【属性】面板上其他对象属性均为"ByLayer",如图 2-3 所示。

图 2-3　【属性】面板状态

单击【直线】命令按钮 ，设置直线的立即菜单为【1.两点线;2.单根】,在绘图区适当的位置上通过单击鼠标左键拾取屏幕点,绘制两条相互垂直的直线(为保证直线的方向,直线的第二点要在出现极轴导航线时拾取),其画图过程及画图结果如图 2-4 所示。

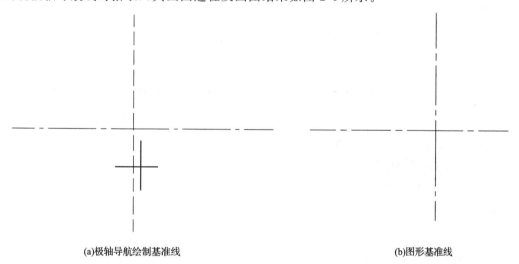

(a)极轴导航绘制基准线　　　　　　　　　　　　　　(b)图形基准线

图 2-4　绘制图形基准线

步骤 2,绘制 160×120 的矩形

将粗实线层切换为当前层。

单击【矩形】命令按钮 ，设置立即菜单为【1.两角点;2.无中心线】。命令执行过程如下:

第一角点:　　　　　　　　　　(捕捉基准线交点为矩形右上角点)

另一角点:@−160,−120　　　　(确定矩形左下角点)

结果得到如图 2-5 所示的图形[①]。

移动矩形到指定的位置。单击【平移】命令按钮 ，设置命令的立即菜单为【1.给定

---

①　自 CAXA 电子图板 2009 取消了参考点功能,如果使用之前其他版本的电子图板绘图,该矩形可先拾取基准线交点为参考点(按 F4 获得),通过相对极坐标一次完成。

两点;2.保持原态;3.旋转角0;4.比例1】。命令执行过程如下：

    拾取添加：　　　　　　　　　　　　（单击矩形图线上任一点选择矩形）

    拾取添加：✓　　　　　　　　　　　（单击鼠标右键结束拾取）

    第一点：　　　　　　　　　　　　　（捕捉矩形右上角点即基准线交点）

    第二点：@60,60✓　　　　　　　　（指定目标点）

其结果如图2-6所示。

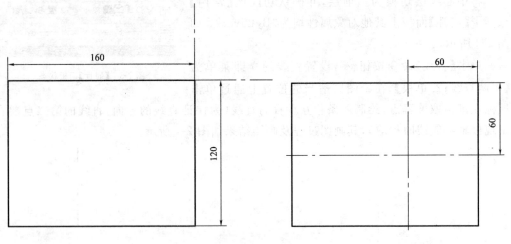

图 2-5　绘制矩形　　　　　　　　　　　　　　　　　图 2-6　矩形平移结果

步骤3,绘制第一级已知线段

(1)绘制 φ70 圆和 R60 圆

单击【圆】命令按钮⊙,设置命令立即菜单为【1.圆心_半径;2.直径;3.无中心线】。命令执行过程如下：

    圆心点：　　　　　　　　　　　　　（捕捉基准线交点）

    输入直径或圆上一点：70✓　　　　（键入直径）

    输入直径或圆上一点：120✓　　　（键入点画线圆弧 R60 的直径）

    输入直径或圆上一点：✓　　　　　（单击鼠标右键结束圆命令）

绘图结果如图2-7所示。

(2)绘制夹角为60°的两条斜线

单击状态栏的【动态输入】按钮,使其处于启用状态,以便于观察橡皮筋的方向角度。

单击【直线】命令按钮✐,确认命令立即菜单为【1.两点线;2.单根】。命令执行过程如下：

    第一点(切点,垂足点)：　　　　　（拾取基准线交点）

    第二点(切点,垂足点)：　　　　　（向左下移动光标,当出现150°导航线时拾取屏幕上一点）

导航过程如图2-8所示。用同样方法绘制另一侧斜线。两条斜线的绘图结果如图2-9所示。

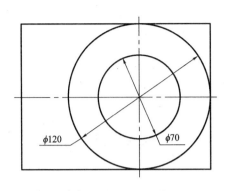

图 2-7　绘制 $\phi70$ 圆和 $R60$ 圆

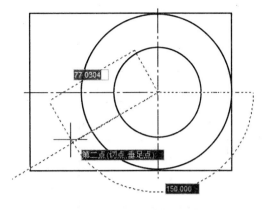

图 2-8　极轴导航绘制角度线

（3）修改线型

单击【常用】选项卡【常用】面板中【特性匹配】命令按钮，其命令执行过程如下：

拾取源对象：　　　　　　　　　　　（单击任意一条点画线）

拾取目标对象：　　　　　　　　　　（依次单击需要改为点画线的线段）

拾取目标对象：↙　　　　　　　　　（右键结束命令）

其结果如图 2-10 所示。

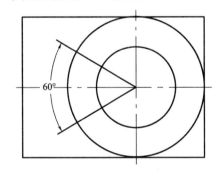

图 2-9　绘制夹角 60°斜线

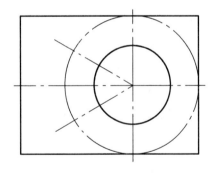

图 2-10　修改线型结果

步骤 4，绘制第二级已知线段

（1）绘制与垂直基准线距离 35 的直线

单击【平行线】命令按钮，命令立即菜单设置为【1.偏移方式；2.单向】，命令执行过程如下：

拾取直线：　　　　　　　　　　（拾取垂直基准线）

输入距离或点（切点）：35↙　　（向右移动光标并键入距离）

其结果如图 2-11 所示。

（2）绘制两个 $R15$ 的圆弧

单击【圆】命令按钮，设置立即菜单为【1.圆心_半径；2.半径；3.无中心线】，命令执行过程如下：

圆心点：　　　　　　　　　　（捕捉交点 A）

输入半径或圆上一点：15 ↙   （键入半径值）

输入半径或圆上一点：↙   （右键结束命令）

右键重复【圆】命令，绘制另一处 R15 的圆。结果如图 2-12 所示。

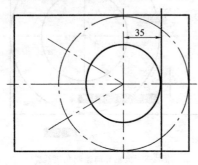
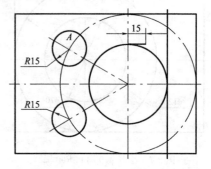

图 2-11 绘制距离 35 的直线   图 2-12 绘制两个 R15 的圆和长 15 的直线段

（3）绘制长为 15 的直线段

单击【直线】命令按钮 ✎，设置命令立即菜单为【1.两点线；2.单根】，命令执行过程如下：

第一点（切点，垂足点）：   （捕捉 φ70 圆与垂直基准线的交点）

第二点（切点，垂足点）：15 ↙   （向右移动光标出现水平极轴导航线时键入）

第一点（切点，垂足点）：↙   （右键结束命令）

结果如图 2-12 所示。

步骤 5，绘制中间线段

（1）绘制 135°斜线

单击【直线】命令按钮 ✎，设置命令立即菜单如图 2-13 所示。命令执行过程如下：

1. 角度线	2. X轴夹角	3. 到点	4.度= -45	5.分= 0	6.秒= 0

图 2-13 直线命令立即菜单

第一点（切点）：   （捕捉长 15 直线段的右端点）

第二点（切点）或长度：   （捕捉极轴导航线和特征点导航线的交点）

捕捉极轴导航线和特征点导航线交点的方法如图 2-14 所示。

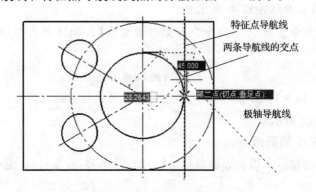

图 2-14 捕捉极轴导航线和特征点导航线交点

引出特征点导航线的方法是:将光标移到特征点上稍作停留(不拾取),当出现特征点标识时,向垂直方向移动光标即可。

(2)绘制 30°斜线

单击【直线】命令按钮 ⟋,设置命令立即菜单如图 2-15 所示,命令执行过程如下:

| 1. 角度线 | 2. Y轴夹角 | 3. 到线上 | 4.度= -30 | 5.分= 0 | 6.秒= 0 |

图 2-15   直线命令立即菜单

第一点(切点,垂足点):　　　(启用工具点菜单选择切点模式,在切点附近单击 $\phi70$ 圆)

拾取曲线:　　　　　　　　　(拾取与垂直基准线距离 35 的直线)

两条斜线绘图结果如图 2-16 所示。

步骤 6,绘制连接圆弧

(1)绘制与两个 $R15$ 圆弧相切的大圆弧

该圆弧与 $R60$ 圆弧同心,又与 $R15$ 相切,故其半径应为 75。其画图过程如下:

单击【圆弧】命令按钮 ⟋,设置命令立即菜单为【1. 两点_半径】,命令执行过程如下:

第一点(切点):　　　　　　(启用工具点菜单选择切点模式)

切点[请拾取曲线]:　　　　(在切点附近单击 $R15$ 圆)

第二点(切点):　　　　　　(启用工具点菜单选择切点模式)

切点[请拾取曲线]:　　　　(靠近切点单击另一个 $R15$ 圆)

第三点(切点或半径):75 ⟋(移动光标直至预显所需位置的圆弧并键入半径值)

(2)绘制两个 $R10$ 的圆弧

用同样的方法绘制两个 $R10$ 的圆弧。绘图结果如图 2-17 所示。

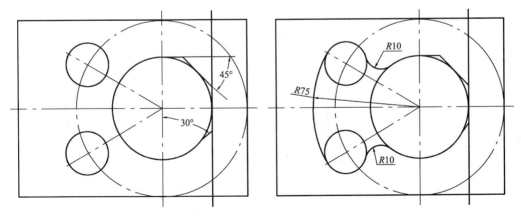

图 2-16　绘制 135°和 30°的斜线　　　　　　图 2-17　绘制三个连接圆弧

步骤 7,修剪多余曲线,调整中心线端点位置

(1)修剪两个 $R15$ 圆弧和 $\phi70$ 圆

单击【裁剪】命令按钮 -⁄---,设置立即菜单为【1. 拾取边界】,命令执行过程如下:

拾取剪刀线:　　　　　(依次拾取曲线如图 2-18 中 A 所指)

拾取剪刀线：↙　　　　　　（右键结束剪刀线选择）

拾取要裁剪的曲线：　　　　（依次拾取被裁剪曲线如图 2-18 中 B 所指）

拾取要裁剪的曲线：↙　　　（右键结束裁剪命令）

修剪结果如图 2-19 所示。

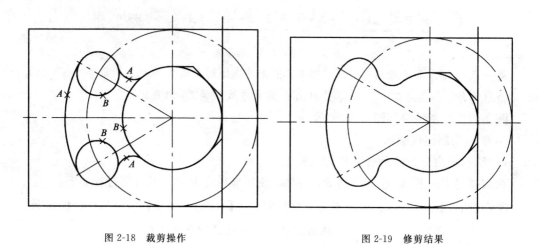

图 2-18　裁剪操作　　　　　　　　　　　　　图 2-19　修剪结果

（2）修剪 φ70 圆的右侧和右端直线

操作过程同上，为方便操作，首先用窗口放大被操作部分。操作中剪刀线和要裁剪的曲线如图 2-20 所示，修剪结果如图 2-21 所示。

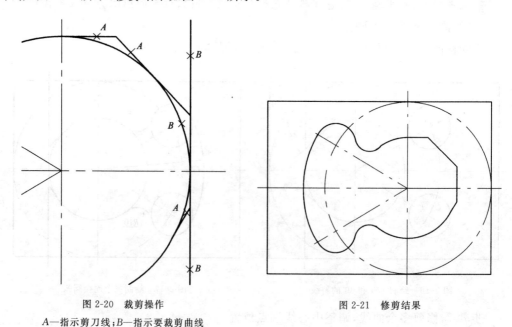

图 2-20　裁剪操作　　　　　　　　　　　　　图 2-21　修剪结果

A—指示剪刀线；B—指示要裁剪曲线

（3）修剪 R60 的点画线圆

首先用任意修剪方法将圆修剪成圆弧,再通过调整曲线来得到合适的曲线长度和端点位置。方法如下:

单击【裁剪】命令按钮 -/-- ,设置立即菜单为【1.快速裁剪】,裁剪圆的右半侧。

运用夹点编辑方式,拾取三角形夹点并拖动,使端点超出粗实线约 2～3 单位,如图 2-22 所示。

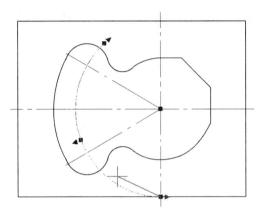

图 2-22　夹点编辑调整曲线端点位置

（4）调整其他中心线的长度

使用夹点编辑方法,调整各点画线的端点位置,使端点超出粗实线约 2～3 单位。

三、绘图技巧积累

1.对象属性修改

我们知道,一个对象的线型、颜色和线宽可以通过图层来控制,也可以通过对象属性来改变。图层是对应的对象属性的一个选项,称为"ByLayer",只有当相应的对象属性设置为"ByLayer",图层属性才起作用。不是特殊需要,建议将各对象属性均设置为"By-Layer"。

在 CAXA 电子图板 2009 中,各对象属性列表框除了用于设置系统的对象属性,还用于显示被选中对象的对应属性。在修改对象属性时,只要选中对象,并在相应的属性列表中选择需要的属性值,即可实现对象相应属性的修改。这比通常使用的在【特性】选项板中修改要方便得多。

属性继承也是常用的属性修改方法。当图中存在相匹配的图素时,使用【特性匹配】命令便可将已有图素的属性赋予被修改图素,实现属性继承。

2.使用夹点编辑对象

夹点编辑常用于对象的移动、延伸、拉长和变形等操作,是一种比较直观方便的操作方法。不同对象具有不同形状和数量的夹点。对于直线和圆弧,三角形夹点不改变曲线的方向,仅对线段实施伸缩操作;而方形夹点则在伸缩的同时,可以改变线型方向。

小　结

1.图层是组织图形的最有效工具之一,通过图层可以方便地控制对象的显示、打印、线型、颜色和线宽等。

2.每个对象都具有图层和对象属性,对象的图层和对象属性取决于创建对象时系统的图层和对象属性设置状态。图层赋予的线型、颜色和线宽等特性只有在对应的对象属性设置为"ByLayer"时才起作用。

3.合理设置和使用极轴导航和特征点导航,可以方便有效地控制点的方向和位置,是保证作图准确性和作图效率的有效工具。

4.绘图中常通过夹点编辑和对象属性工具来修改对象的几何形状和对象属性。

5.各种绘图和修改命令都具有不同的运行方式,需要不断实践和灵活运用来提高绘图能力。

6.画图中需要根据尺寸标注情况对图形进行分析,拟定画图顺序,由图形基准线开始,按照已知线段、中间线段和连接线段的顺序画图。

7.同样的图形可以有不同的绘图方法,在绘图实践中要建立规范绘图和绘图效率的意识,不断提高绘图质量和绘图速度。

·习　题·

2-1　绘制如图 2-23 所示图形(不标注尺寸)。

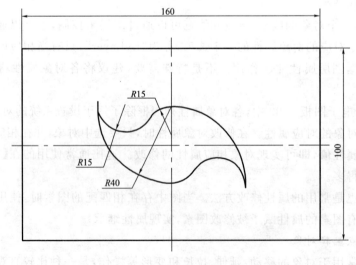

图 2-23　习题 2-1 图

2-2　绘制如图 2-24 所示图形(不标注尺寸)。

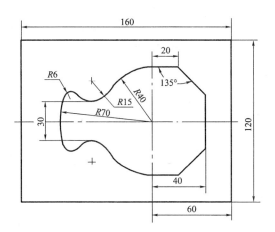

图 2-24　习题 2-2 图

2-3　绘制如图 2-25 所示图形(不标注尺寸)。

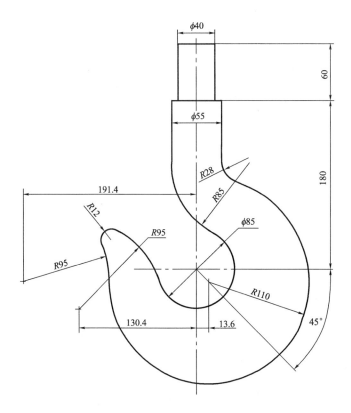

图 2-25　习题 2-3 图

2-4 绘制如图 2-26 所示图形（不标注尺寸）。

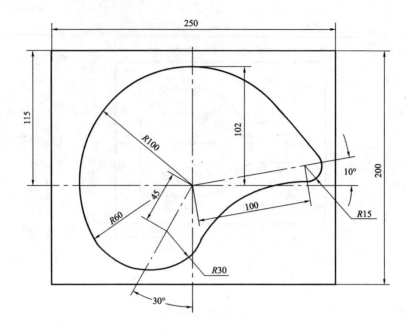

图 2-26　习题 2-4 图

实例 3

组合体

3.1 绘图说明

一、绘图目的

掌握和灵活运用三视图导航、极轴导航和特征点导航及对象捕捉等辅助工具,以保证绘图中各点之间的相对位置要求,满足三视图之间的"三等关系";掌握组合体尺寸标注方法和标注要求,巩固组合体画图和尺寸标注知识;掌握图纸幅面的设置和插入方法;了解尺寸驱动功能。

二、绘图实例

用 1:1 比例绘制如图 3-1 所示的图形,并标注尺寸。

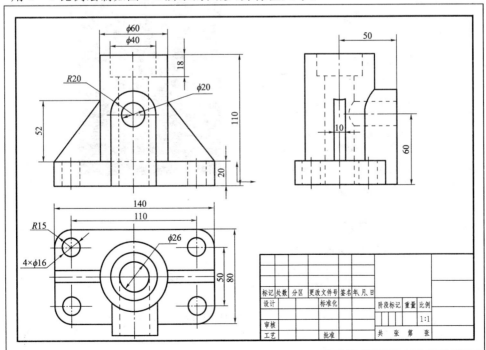

图 3-1 绘图实例

三、绘图要领

图纸幅面设置和图框格式选择与插入操作;极轴导航、特征点导航、对象捕捉等功能的控制;三视图导航工具的使用;组合体画图顺序和画图方法,相贯线画图;删除重线;尺寸标注规范,尺寸和文字样式控制,尺寸标注方法。

四、绘图基础和作图准备

(1)图幅设置和图框插入方法。

(2)三视图导航工具的启用和使用方法。

(3)尺寸标注一般规则,CAXA 电子图板的文字和尺寸样式的设置方法,尺寸标注方法。

(4)选择 BLANK 模板新建一个文件。

(5)将捕捉设置区设置为"导航"。

(6)设置对象捕捉模式为"端点"、"交点"和"垂足",其余全部清除。

(7)设置极轴增量角为 15,特征点导航模式为"垂直方向导航"。

(8)按图 3-2 所示设置幅面。

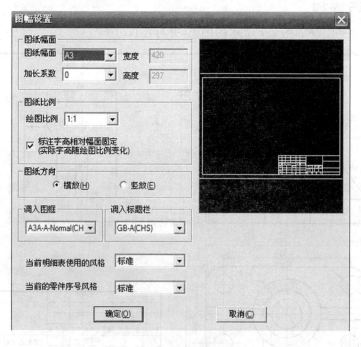

图 3-2　图幅与图框选择

3.2　图形分析和绘图步骤

一、图形分析

按形体分析,该组合体由以下几个主要部分组成:长方体底座、圆柱立柱、凸台、两个筋板,如图 3-3 所示。其中长方体底座上有圆角和四个孔;立柱上有阶梯孔;凸台上有一个孔,可以按次要结构处理。画图时按照先主要结构后次要结构,先外后内,先结构后表面关系的顺序绘制和编辑图形。

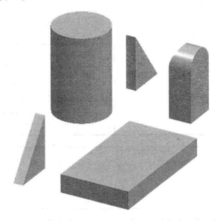

图 3-3　组合体形体分析

由于图形总体结构为左右对称,左右基本对称,故选择对称面为长、宽方向基准,高度基准选择物体的底面即长方体的下表面。

二、绘图步骤

步骤 1,绘制三个视图的基准线

(1)绘制三视图导航线

按 F7 功能键,响应命令行提示指定第一点和第二点,在屏幕方便俯、左视图宽度对应的位置上指定两点,系统根据指定的两点画出一条 −45°的黄色斜线,如图 3-4 所示。

(2)绘制三个视图的绘图基准线

单击【直线】命令按钮 ╱ ,设置立即菜单为【1.两点线;2.单根】,按主、俯、左的顺序绘制各视图的基准线如图 3-5 所示。为保证三个视图之间的对应关系,在绘制俯视图长度基准线和左视图高度基准线时要运用特征点导航功能保证与主视图对应基准线对齐;在绘制左视图宽度基准时,要使用三视图导航线,保证与俯视图宽度基准线相对于三视图导航线对齐。做法是先将光标移到俯视图宽度基准线的端点上,待端点上出现"＋"标志时,将光标沿基准线延伸方向移动引出特征点导航线,经三视图导航线向上转折,如图3-6所示,在屏幕适当的位置上拾取一点,然后利用极轴导航绘出左视图的宽度基准线。

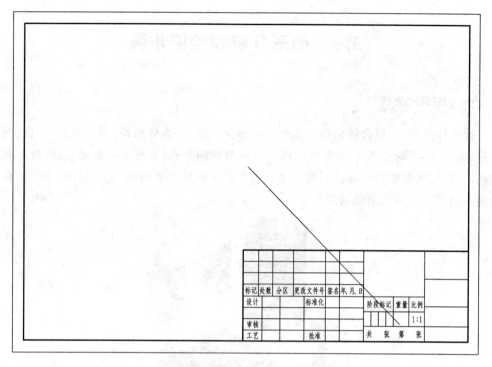

图 3-4 绘制三视图导航线

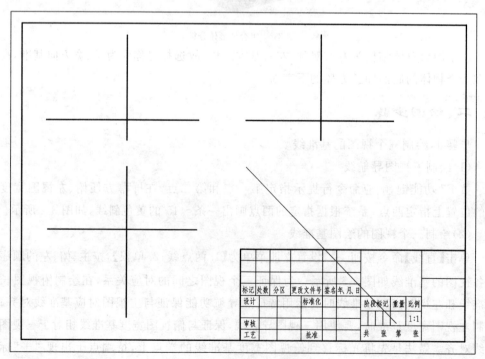

图 3-5 三个视图的作图基准线

实例 3　组合体 /155

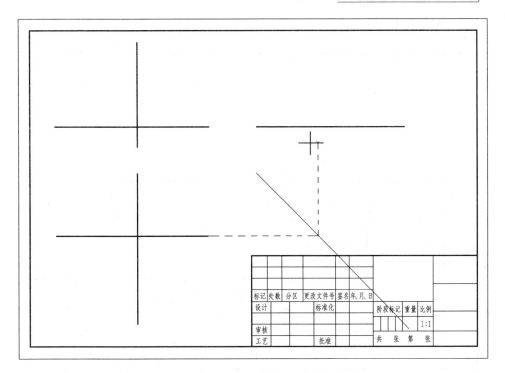

图 3-6　利用三视图导航绘图

（3）修改基准线的图层属性

将三个视图的长度和宽度基准线改到中心线层上。

步骤 2，绘制长方体底座的三视图

（1）绘制主视图

单击【孔/轴】命令按钮，设置命令立即菜单为【1.轴；2.直接给出角度；3.中心线角度 90】，按下列过程完成绘图：

插入点：　　　　　　　　　　　（拾取主视图两基准线的交点）

设置立即菜单为【1.轴；2.起始直径 140；3.终止直径 140；4.无中心线】

轴上一点或轴的长度：20↙　　　（输入长方体高度）

设置立即菜单为【1.轴；2.起始直径 140；3.终止直径 140；4.无中心线】

轴上一点或轴的长度：↙　　　　（右键结束命令）

（2）绘制左视图

方法同主视图，不同的是起始和终止直径均设为 80，过程从略。

（3）绘制俯视图

单击【矩形】命令按钮，设置命令立即菜单为【1.长度和宽度；2.中心定位；3.角度 0；4.长度 140；5.宽度 80；6.无中心线】，命令提示如下：

定位点：　　　　　　　　　　　（拾取俯视图两条基准线的交点）

底座长方体的三视图如图 3-7 所示。

步骤 3,绘制圆柱立柱的三视图

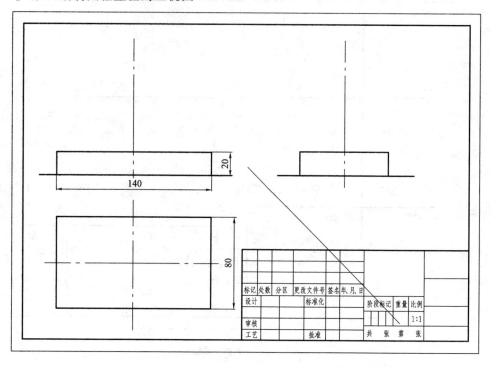

图 3-7　底座长方体的三视图

(1)绘制主视图

运用【孔/轴】命令,设置起始和终止直径均为 60,拾取长方体主视图上表面与长度基准线的交点,键入轴的长度 90,绘制主视图,绘图过程与底座长方体主视图相似,从略。

(2)绘制左视图

可以用与主视图完全相同的方法绘图,这里要介绍复制图形的方法。由于立柱的主、左两视图完全相同,可通过复制主视图得到左视图,其操作过程如下:

单击【平移复制】命令按钮，设置立即菜单为【1.给定两点;2.保持原态;3.旋转角 0;4.比例 1;5.份数 1】,参照图 3-8,其命令执行过程如下:

拾取添加:　　　　　　　　(拾取立柱主视图各图线)

拾取添加:　　　　　　　　(右键结束拾取)

第一点:　　　　　　　　　(拾取主视图上交点 A)

第二点或偏移量:　　　　　(拾取左视图上交点 B)

第二点或偏移量:　　　　　(右键结束命令)

(3)绘制俯视图

单击【圆】命令按钮，设置立即菜单为【1.圆心_半径;2.直径;3.无中心线】,选择俯视图基准线交点为圆心,60 为直径,画圆。

步骤 4,绘制凸台

(1)确定凸台三个视图的基准线

单击【平行线】命令按钮，设置立即菜单为【1.偏移方式;2.单向】,命令执行过程

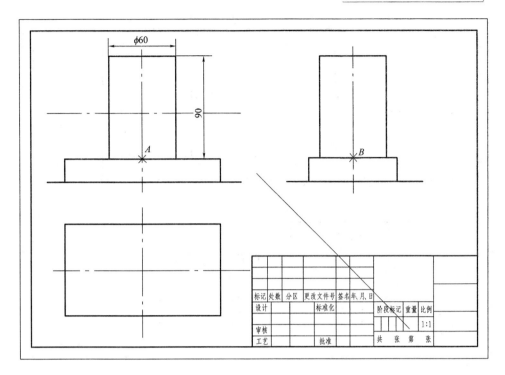

图 3-8 复制立柱主视图操作

如下：

拾取直线：   （拾取主视图高度基准线）

输入距离或点(切点)：60 ✓   （向上移动光标键入圆心高）

右键重复【平行线】命令，用同样的方法拾取左视图高度基准线偏移 60，确定左视图凸台孔轴线位置。

右键重复【平行线】命令，拾取俯视图宽度基准线，向下偏移 50，确定凸台前表面位置。

右键重复【平行线】命令，拾取左视图宽度基准线，向右偏移 50，确定凸台前表面位置。

运用图层列表或【特性匹配】命令修改凸台基准线的线型属性，其结果如图 3-9 所示。

(2)绘制凸台三视图

①绘制主视图：单击【圆弧】命令按钮 ，设置命令立即菜单为【1. 圆心_半径_起终角；2. 半径＝20；3. 起始角＝0；4. 终止角＝180】，然后拾取主视图凸台圆心画出凸台圆弧。然后用【直线】命令绘出圆弧两端直线。

②绘制俯、左视图：运用特征点导航和极轴导航，方便地绘出凸台对应的两视图图线，其导航绘图过程如图 3-10 所示。

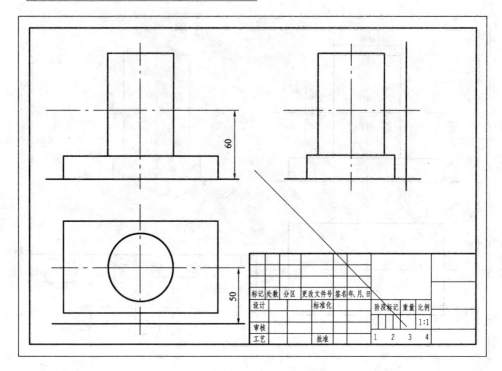

图 3-9　凸台各视图基准线

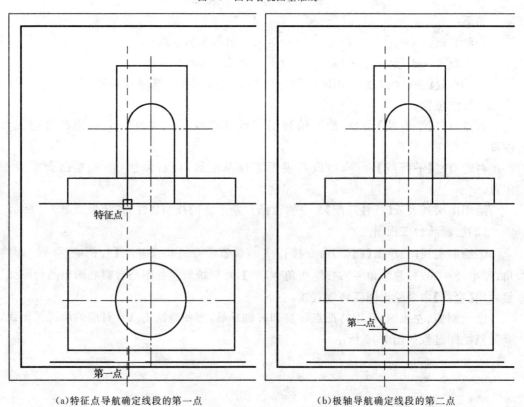

(a)特征点导航确定线段的第一点　　　　　　　　(b)极轴导航确定线段的第二点

图 3-10　运用特征点导航和极轴导航绘图

（3）绘制凸台与立柱的表面交线

在左视图上需要绘制凸台与立柱表面的截交线和相贯线。画图过程和结果如图3-11所示，首先利用三视图导航绘制截交线。相贯线绘图利用近似画法，取立柱半径为半径，用圆弧画出。圆弧的立即菜单设置为【1.两点_半径】，分别拾取 B、C 为端点，移动光标，当系统显示出所需形状的圆弧时键入半径30，即完成相贯线绘图。

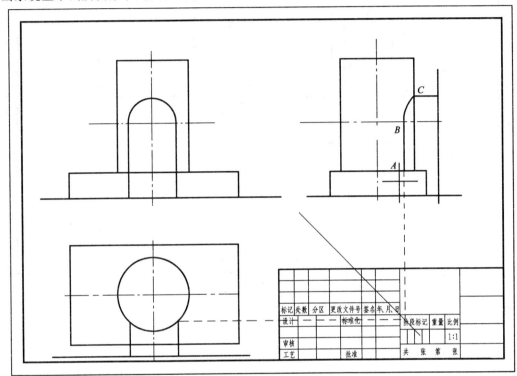

图 3-11　利用三视图导航绘制截交线

（4）修剪操作完成图形编辑

运用裁剪、夹点编辑等方法对凸台三个视图多余的线段进行编辑，补画虚线 AB，其结果如图 3-12 所示。

步骤 5，绘制两侧筋板的三视图（参照图 3-13）

（1）绘制主视图[①]

绘制筋板斜线：单向偏移底座长方形上表面线52，得筋板中线上端点如图 3-13 中 A 所示。连接 AB。删除 A 点处的偏移线。

镜像绘制另一侧筋板斜线：单击【镜像】命令按钮 ⚒，设置命令立即菜单为【1.选择轴线；2.拷贝】，命令执行过程如下：

拾取元素：　　　　　　　　（拾取筋板斜线）

拾取元素：✓　　　　　　　（右键结束拾取）

拾取轴线：　　　　　　　　（拾取主视图长度基准线）

---

①　由于筋板厚度与立柱直径相差悬殊，筋板与立柱的截交线与立柱的转向轮廓线非常接近，故这里忽略了筋板与立柱的截交线。

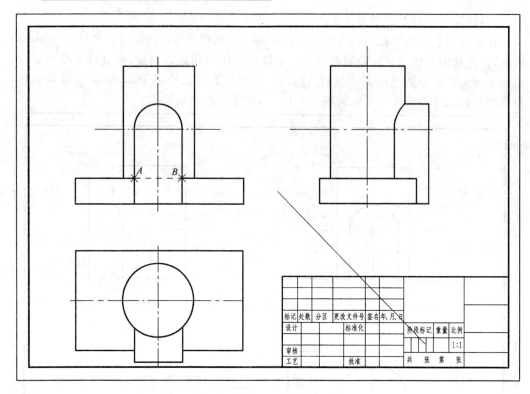

图 3-12 凸台三视图绘图结果

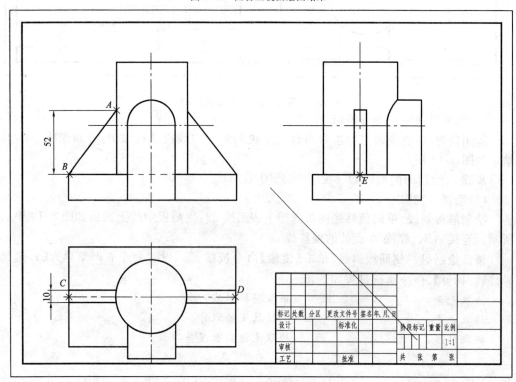

图 3-13 绘制筋板三视图

即完成筋板主视图。

当然也可以通过对 A 点的特征点导航绘制另一侧筋板斜线。

(2)绘制俯视图

单击【孔/轴】命令按钮 ，设置命令立即菜单为【1.轴;2.直接给出角度;3.中心线角度 0】，按下列过程完成绘图：

插入点：　　　　　　　　　　　(拾取俯视图上交点 C)

设置立即菜单为【1.轴;2.起始直径 10;3.终止直径 10;4.无中心线】

轴上一点或轴的长度：　　　　　(拾取俯视图上交点 D)

设置立即菜单为【1.轴;2.起始直径 10;3.终止直径 10;4.无中心线】

轴上一点或轴的长度：✔　　　(右键结束命令)

裁剪立柱内多余的线段，即完成筋板俯视图。

(3)绘制左视图

用与俯视图类似的方法设置中心线角度为 90，插入点为 E，轴长度为 52，绘制筋板左视图，从略。

步骤 6，删除重合线

使用【孔/轴】命令会产生多余的线与其他线段重合在一起，会影响【裁剪】命令、【尺寸标注】命令的正常执行。CAXA 电子图板提供了【删除重线】命令，可以方便地删除重合在一起的图素。

在【删除】命令按钮 下拉列表(图 3-14)中单击【删除重线】命令按钮 ，其命令执行过程如下：

拾取添加：　　　　　　　　　　(用窗口选择方式选中所有图素)

对角点：✔　　　　　　　　　　(右键结束图素选择)

系统用如图 3-15 所示的对话框显示分析结果，单击【确定】按钮，即完成重线删除。

图 3-14　【删除】命令按钮 下拉列表　　　　　图 3-15　【重线删除结果】对话框

步骤 7，完成底座上的孔和圆角

(1)圆角操作

单击【过渡】命令按钮 ，设置立即菜单为【1.圆角;2.裁剪;3.半径 15】，命令执行过程如下：

拾取第一条曲线：　　　　　　　(拾取俯视图底座长方形的一条边)

拾取第二条曲线：　　　　　　　(拾取与第一条边相邻的边)

两条边交角处产生一指定半径的圆弧，将两条边光滑连接起来。

……　　　　　　　　　　　　　(重复上述过程绘制其他三处圆角)

拾取第一条曲线：✓　　　　　　（右键结束命令）

（2）绘制四个角的圆孔三视图（参照图3-16）

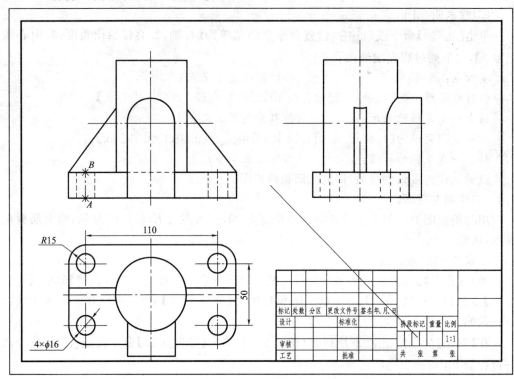

图3-16　绘制底座上孔和圆角的三视图

①绘制俯视图的圆并添加中心线：单击【圆】命令，设置立即菜单为【1.圆心_半径；2.直径；3.无中心线】，命令执行过程如下：

圆心点：　　　　　　　　　　　（按字母C键选择圆心单点捕捉模式）
圆心［请拾取圆弧、圆、椭圆弧、椭圆］：　　　（拾取一个圆角圆弧）
输入直径或圆上一点：16✓　　　（键入直径值）
输入直径或圆上一点：✓　　　　（右键结束命令）

可以用同样的方法绘制其他三个圆。这里介绍【阵列】命令来完成这些圆。

单击【阵列】命令按钮，设置立即菜单为【1.矩形阵列；2.行数2；3.行间距50；4.列数2；5.列间距110；6.旋转角0】，命令执行过程如下：

拾取元素：　　　　　　　　　　（拾取圆）
拾取元素：✓　　　　　　　　　（右键执行阵列）

用【中心线】命令，逐个拾取四个圆，绘制每个圆的中心线。

②绘制孔的主、左视图并添加中心线：运用特征点导航、极轴导航和三视图导航功能，确定【孔/轴】命令的插入点和轴上点绘制孔的主、左两视图非圆投影。这里以一个孔的主视图绘图为例说明画图过程。

单击【孔/轴】命令按钮，设置立即菜单为【1.轴；2.直接给出角度；3.中心线角度90】，按下列过程完成绘图：

插入点：　　　　　　　　　　　（引出俯视图圆中心线交点导航线拾取交

　　　　　　　　　　　　　　　点 A,如图 3-16 所示）

设置立即菜单为【1.轴;2.起始直径 16;3.终止直径 16;4.无中心线】

轴上一点或轴的长度：　　　　　（极轴导航拾取垂足 B,如图 3-16 所示）

轴上一点或轴的长度：↙　　　　（右键结束命令）

运用【属性修改】命令将孔的主、左两视图改为虚线,用【中心线】命令添加孔的轴线。

步骤 8,完成立柱阶梯孔的三视图

用【孔/轴】命令,设置相应的起始和终止直径绘制立柱阶梯孔的主、左两视图;绘制俯视图的圆,作图过程略。

步骤 9,完成凸台上孔的三视图

绘图方法参见凸台三视图的画法,这里从略。

步骤 10,调整各点画线端点位置

使用夹点编辑方法调整图上各点画线端点位置,使点画线的端点超出量满足规范要求。

3.3　组合体尺寸标注

一、组合体尺寸标注方法及要求

与画图过程相似,组合体尺寸标注也是通过形体分析,把组合体分解为若干组成部分,按照先主后次、先外后内的顺序逐一标注出各组成部分的定位和定形尺寸。一般情况下,图形基准线即为主要尺寸基准线,用来确定各主要组成部分之间的相对位置。圆和已知圆弧要给出圆心在其所在平面上的两个定位尺寸,连接圆弧要标注半径尺寸。

组合体尺寸标注的基本要求是正确、完整、清晰。从清晰要求出发,组合体各组成部分的尺寸布局一般遵循如下规则:

(1)尺寸要标注在反映所标注结构形状特征明显的视图上,孔、轴的尺寸一般标注在非圆视图上。

(2)各组成部分的尺寸尽量集中标注;

(3)尺寸文字要标注在明显的地方,在引出线不至于过长的情况下,尺寸文字一般要引到图外标注。

(4)尺寸排列要整齐,并列尺寸小尺寸在内,大尺寸在外,间隔均匀排列;连续尺寸尽量对齐。

二、组合体尺寸标注步骤

将状态栏捕捉设置区设置为【自由】。单击 F7 功能键取消三视图导航。

1.底座尺寸标注

底座的三个视图都位于基准线上,故定位尺寸为 0,无须标注。底座上的圆孔必须指定圆心在长、宽两个方向的定位尺寸。四个圆角为连接圆弧,要标注半径尺寸。

底座的形体特征体现在俯视图上,故相关尺寸集中于俯视图标注。底座应标注的尺

寸有:基体长方体的长、宽、高;四个圆在长、宽方向的中心距;圆直径和圆角半径。这些尺寸的标注操作举例如下:

(1)标注长方体的宽度 80(参照图 3-17)

单击【尺寸标注】命令按钮|┿┥,命令的立即菜单设置及响应命令提示过程为:

【1.基本标注】

拾取标注元素或点取第一点: (拾取边 A)

【1.基本标注;2.文字平行;3.标注长度;4.长度;5.平行;6.文字居中;7.前缀;8.基本尺寸 110】

拾取另一个标注元素或指定尺寸线位置:(拾取边 B)

【1.基本标注;2.文字平行;3.长度;4.文字居中;5.前缀;6.基本尺寸 80】

尺寸线位置: (移动光标距离图线约 4 个字高的位置单击左键)

(2)标注两圆中心距 110(参照图 3-18)

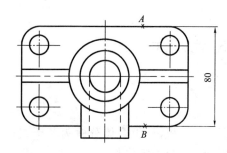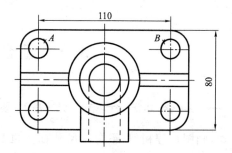

图 3-17　标注长方体的宽度 80　　　　　图 3-18　标注两圆中心距 110

单击【尺寸标注】命令按钮|┿┥,命令的立即菜单设置及响应命令提示过程为:

【1.基本标注】

拾取标注元素或点取第一点: (拾取圆 A)

【1.基本标注;2.文字平行;3.直径;4.文字居中;5.前缀%c;6.尺寸值 16】

拾取另一个标注元素或指定尺寸线位置:(拾取圆 B)

【1.基本标注;2.文字平行;3.文字居中;4.圆心;5.正交;6.前缀;7.尺寸值 110】

尺寸线位置: (移动光标距离图线约 2 个字高的位置单击左键)

(3)标注圆直径 4×φ16

单击【尺寸标注】命令按钮|┿┥,命令的立即菜单设置及响应命令提示过程为:

【1.基本标注】

拾取标注元素或点取第一点: (拾取底座上的任一圆)

【1.基本标注;2.文字水平;3.直径;4.文字居中;5.前缀 4×%c;6.尺寸值 16】

拾取另一个标注元素或指定尺寸线位置:(在圆外附近适当的位置单击左键)

其余尺寸标注操作从略。

底座尺寸标注完成后如图 3-19 所示。

注意:尺寸布局要整齐,同一方向尺寸线尽量对齐,如尺寸 20 和尺寸 50;并列尺寸小尺寸在内,大尺寸在外,间隔均匀排列,如尺寸 50 和尺寸 80。且尺寸尽量引至图外标注,如尺寸 $4\times\phi16$ 和尺寸 $R15$。

2.立柱尺寸标注(参见图 3-20)

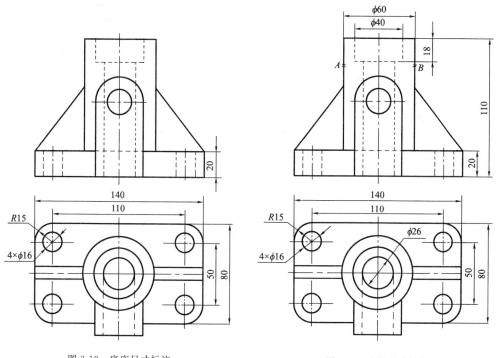

图 3-19 底座尺寸标注　　　　　图 3-20 立柱尺寸标注

立柱位于长、宽两个方向的基准线上,底座的高度尺寸即其高度定位尺寸。立柱是圆柱,圆柱的尺寸一般要求标注于非圆图上,因此立柱的尺寸集中标注于主视图上。

立柱内外结构所需的尺寸有:外圆直径、高、上内孔直径和深度、下内孔直径。这里以外圆直径 $\phi60$ 标注为例说明标注过程,其余从略。

单击【尺寸标注】命令按钮├──┤,命令的立即菜单设置及响应命令提示过程为:

【1.基本标注】

拾取标注元素或点取第一点:　　　　　(拾取立柱外圆的轮廓线 A)

【1.基本标注;2.文字平行;3.标注长度;4.长度;5.平行;6.文字居中;7.前缀%c;8.基本尺寸 90】

拾取另一个标注元素或指定尺寸线位置:(拾取立柱外圆的轮廓线 B)

【1.基本标注;2.文字水平;3.直径;4.文字居中;5.前缀%c;6.尺寸值60】

尺寸线位置:　　　　　　　　　　　(移动光标至适当的位置单击左键)

注意:考虑总体尺寸,立柱的高度不能直接标注,而要给出组合体的总高 110。

3.标注凸台

凸台位于长度基准线上;宽度方向以其前表面来定位;高度方向需要确定半圆弧的圆心位置。凸台的形状特点在主视图上,位置特征在左视图上。由于主视图标注位置有限,于是将定位尺寸都标注在左视图上。

凸台所需的尺寸有：圆心高度定位尺寸、前表面宽度方向定位尺寸、圆弧半径、孔直径，如图 3-21 所示。其中标注过程从略。

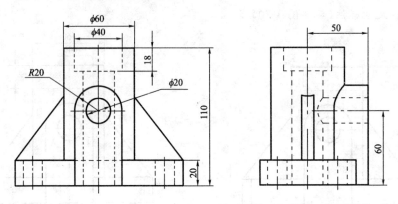

图 3-21　凸台尺寸标注

4.标注筋板

三角形筋板需要给出的尺寸有：筋板高度和筋板宽度。标注从略。

5.尺寸编辑

图形尺寸标注完成后，经常需要调节尺寸布局，使图形更规范。尺寸编辑包括尺寸文字修改和尺寸位置调整。其方法如下：在当前没有任何命令运行的情况下直接单击需要编辑的一个尺寸，相应的尺寸会变为高亮显示，这时单击鼠标右键，在弹出的菜单中选择【标注编辑】，如图 3-22 所示，便进入尺寸编辑状态，在状态栏显示尺寸编辑立即菜单（图3-23）和命令提示：【新位置：】。

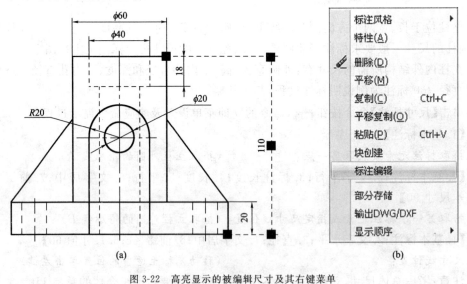

(a)　　　　　　　　(b)

图 3-22　高亮显示的被编辑尺寸及其右键菜单

| 1. 尺寸线位置 ▼ | 2. 文字平行 ▼ | 3. 文字居中 ▼ | 4.界限角度 | 360 | 5.前缀 | | 6.基本尺寸 | 110 |

尺寸线位置
文字位置
箭头形状

图 3-23　尺寸编辑立即菜单

立即菜单的第一项有三个选项,默认为【尺寸线位置】时,这时移动光标可以调整尺寸线的位置,修改尺寸文字内容。

当选择【文字位置】时,立即菜单显示为:【1.文字位置;2.不加引线;3.前缀;4.基本尺寸110】,可以修改尺寸文字相对尺寸线的位置和尺寸文字内容。

当选择【箭头形状】时,系统弹出【箭头形状编辑】对话框,如图3-24所示,在【左箭头】、【右箭头】系统箭头下拉列表中有一系列选项,其中有:【无】、【箭头】、【斜线】、【加点】、【空心箭头】等,以满足不同情况和不同行业使用需要。选择一种箭头形状,单击对话框的【确定】按钮,被编辑的尺寸的相应箭头立即改变。当遇到连续小尺寸标注时,经常需要修改箭头形状。

图3-24　【箭头形状编辑】对话框

三、绘图技巧积累

运用尺寸驱动绘图

CAXA电子图板的尺寸驱动功能可以使绘图人不用专注于绘图中各线段的准确位置,而是大致给出线段的位置和形状,再通过尺寸控制各线段之间的准确位置关系。以该例中底座长方体主视图画图为例,参照图3-25,其方法如下:

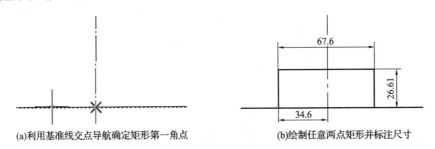

(a)利用基准线交点导航确定矩形第一角点　　　(b)绘制任意两点矩形并标注尺寸

图3-25　绘制一任意矩形

首先根据矩形与基准线的相对位置,用【两角点】方式绘制任意大小的矩形,并拾取线段(不要拾取端点)标注定位和定形尺寸,如图3-25(b)所示。为保证矩形下边与高度基准线重合,运用了基准线交点导航来确定矩形第一角点,如图3-25(a)所示。

单击功能区【标注】选项卡【标注编辑】面板中的【尺寸驱动】命令按钮　　　,其命令执行过程如下:

拾取添加: 　　　　　　　　　　　(用窗口方式选择矩形及其尺寸,如图3-26所示)

对角点:✓　　　　　　　　　　　(右键结束拾取)

请给出尺寸关联对象的参考点: 　　(拾取基准线交点)

请拾取驱动的尺寸: 　　　　　　　(拾取定位尺寸34.6)

系统弹出如图 3-27 所示的【新的尺寸值】对话框,在【新尺寸值】输入框中输入 70(长度尺寸之半),单击【确定】按钮,左边的位置即发生相应的改变。

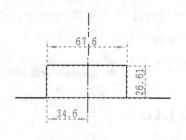

图 3-26　尺寸驱动对象选择　　　　　　　　　　图 3-27　【新的尺寸值】对话框

······　　　　　　　　　　　　　　　　　　（依次拾取长度和宽度尺寸进行驱动）

请拾取驱动的尺寸：✔　　　　　　　　　　　　（右键结束命令）

结果得到符合位置和尺寸的长方形。

小　结

1.CAXA 电子图板提供的对象捕捉和导航功能可以方便而准确地拾取有相对位置关系的点,是计算机绘图的智能工具,灵活运用可极大提高绘图效率。F7 功能键是三视图导航功能的控制开关。为满足通常绘图需要,常将极轴增量角设置为 15;特征点导航选择"垂直方向导航";对象捕捉常选择"端点"、"交点"和"垂足"三种,太多的对象捕捉和特征点导航方向反而会妨碍所需点的拾取。偶尔需要的捕捉类型可通过使用工具点菜单获取。

2.组合体画图时首先要选择三个视图的绘图基准,然后根据形体分析的结果按照先主后次、先外后内、先结构后表面关系的顺序绘制和编辑图形。

3.组合体尺寸标注过程和画图过程相似,也是根据形体分析结果,按照主次顺序逐一标注各组成部分的定位和定形尺寸。CAXA 电子图板的尺寸标注通常是根据选择的一个或两个图形元素智能判断标注类型进行标注的。一般标注完成后要通过"尺寸编辑"调整尺寸布局,使尺寸排列符合规范作图要求。

4.CAXA 电子图板提供了"尺寸驱动"绘图功能,恰当使用尺寸驱动,有利于表达设计意图,提高设计效率。

5.绘图中要灵活运用各种绘图和修改命令,同一图形的绘图方法不是唯一的。图上很多图形元素是通过复制、阵列、镜像、裁剪、过渡等修改命令获得的。

· 习　题 ·

3-1　绘制如图 3-28 所示图形,并标注尺寸。

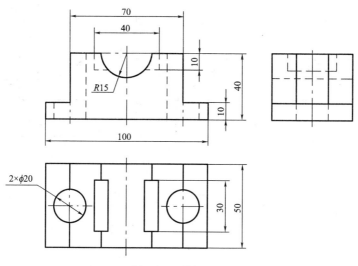

图 3-28 　习题 3-1 图

3-2　绘制如图 3-29 所示图形,并标注尺寸。

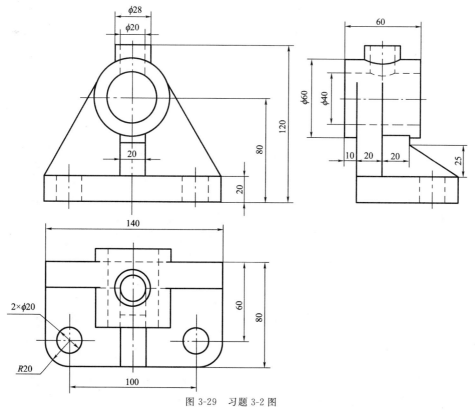

图 3-29 　习题 3-2 图

3-3 绘制如图 3-30 所示图形,并标注尺寸。

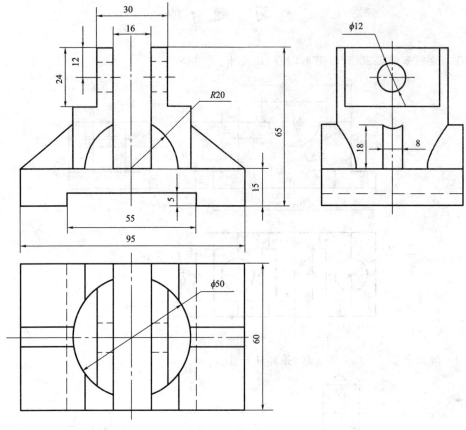

图 3-30 习题 3-3 图

实例 4

齿轮轴

4.1 绘图说明

一、绘图目的

掌握图案填充、局部放大图的画法;掌握使用图库绘制常见结构的方法;掌握尺寸公差、倒角、粗糙度符号、剖切符号、技术要求等标注方法;掌握参数栏的定义和插入。

二、绘图实例

用 2：1 比例绘制如图 4-1 所示的图形,并标注尺寸。

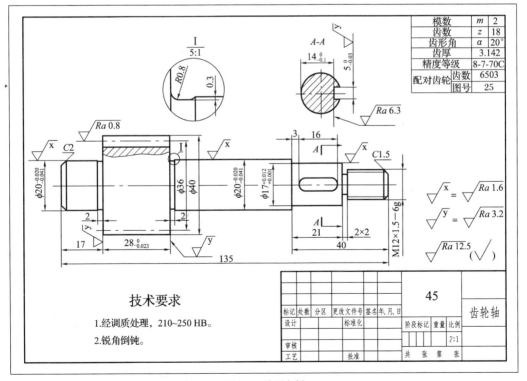

图 4-1　绘图实例

三、绘图要领

孔/轴命令绘制轴类零件;波浪线命令;剖面线命令;局部放大图命令;图符提取命令;构件库命令;各种工程标注命令;参数栏的定义和插入。

四、绘图基础和作图准备

(1)选择 BLANK 模板新建一个文件。
(2)将捕捉设置区设置为"导航"。
(3)设置对象捕捉模式为"端点"、"交点"和"垂足",其余全部清除。
(4)设置极轴增量角为 15,特征点导航模式为"垂直方向导航"。
(5)插入 A3 幅面:设置图纸比例为 2:1,选择一种标准图框和标题栏。

4.2 图形分析和绘图步骤

一、绘图思路

图上需要绘制轴的主视图、断面图和局部放大图。其中主视图主要运用 CAXA 电子图板的【孔/轴】命令绘制;局部放大图使用【局部放大】命令绘制;键槽及其断面图、退刀槽等使用图库来绘制。剖视图的剖面线填充区域要保证封闭。

二、绘图步骤

步骤 1,绘制主视图
(1)绘制主要结构
使用【孔/轴】命令,设置中心线角度为 0,按尺寸逐段绘出各主要轴段,如图 4-2 所示。

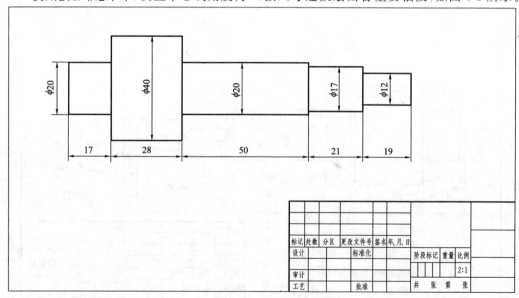

图 4-2　绘制各主要轴段

使用【中心线】命令绘制轴线,并调整点画线的端点至合适的位置。

（2）绘制退刀槽

选择【提取图符】命令按钮 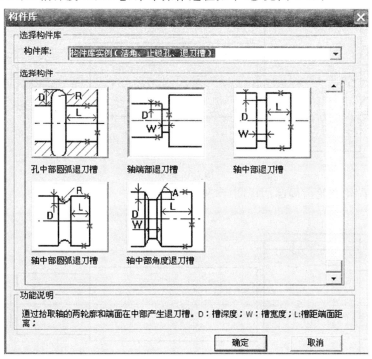 下拉列表中的【构件库】命令，弹出如图 4-3 所示的【构件库】对话框，选择【轴端部退刀槽】图标按钮，然后单击【确定】按钮，设置立即菜单为【1.槽直径 W:2；2.槽深度 D:0.3】，命令操作过程如下（参见图 4-4）：

图 4-3　【构件库】对话框

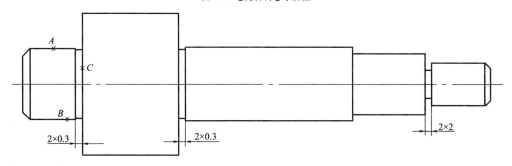

图 4-4　绘制退刀槽

请拾取轴的一条轮廓线：　　　　　　　　　　　（拾取轮廓线 A）

请拾取轴的另一条轮廓线：　　　　　　　　　　（拾取轮廓线 B）

请拾取轴的端面线：　　　　　　　　　　　　　（拾取端面线 C）

用同样的方法绘制其他退刀槽。

（3）完成倒角

选择【过渡】命令按钮 下拉列表中的【外倒角】命令，设置立即菜单为【1.长度 2；2.角度 45】，命令执行过程如下（参见图 4-5）：

拾取第一条直线：   （拾取轮廓线 A）

拾取第二条直线：   （拾取轮廓线 B）

拾取第三条直线：   （拾取端面线 C）

用同样的方法绘制轴另一端倒角。

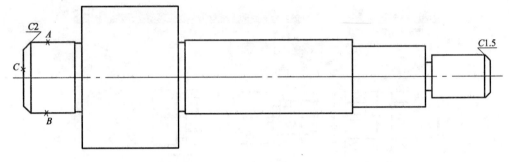

图 4-5 倒角

（4）绘制齿轮及轮齿局部剖视图（参见图 4-6）

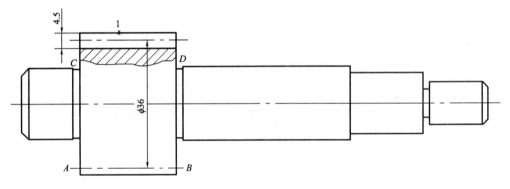

图 4-6 绘制齿轮及轮齿局部剖视图

①绘制分度线：单击【平行线】命令按钮 ⫽，设置立即菜单为【1. 两点方式；2. 距离方式；3. 到点；4. 距离 18】，命令执行过程如下：

拾取直线：   （拾取轴线）

指定平行线起点：   （指定分度线起点 A）

指定平行线终点或长度：   （指定分度线终点 B）

……   （重复上过程绘制另一侧平行线）

指定平行线起点：↙   （右键结束命令）

将分度线线型改为点画线。

②绘制齿根线：单击【等距线】命令按钮 ⏁，设置立即菜单为【1. 单个拾取；2. 指定距离；3. 单向；4. 空心；5. 距离 4.5[①]；6. 份数 1】，命令执行过程如下：

拾取曲线：   （拾取齿顶线 1）

请拾取指定的方向：   （向齿根侧任击一点）

---

① 标注直齿圆柱齿轮，全齿高 $h=$ 齿顶高 h_a+ 齿根高 $h_f=m+1.25m=2.25m$，其中的 m 为模数。

拾取曲线：↙　　　　　　　　　　　　　（右键结束命令）

③绘制波浪线：单击【样条】命令按钮 ，设置立即菜单为【1.直接作图；2.缺省切矢；3.开曲线】，指定一系列点，系统会通过指定的点绘制一条曲线。为使两端点在齿轮对应的端面线上，命令执行过程如下[①]：

输入点：　　　　　　　　　　　　　　　（在工具点菜单中选择最近点）

最近点[请拾取曲线]　　　　　　　　　　（拾取适当点 C）

最近点[请拾取曲线]　　　　　　　　　　（拾取适当的屏幕点）

输入点：

……

输入点：　　　　　　　　　　　　　　　（在工具点菜单中选择最近点）

最近点[请拾取曲线]　　　　　　　　　　（拾取适当点 D）

输入点：↙　　　　　　　　　　　　　　（右键结束命令）

将波浪线调整到剖面线层上。

④绘制剖面线：单击【剖面线】命令按钮 ，设置立即菜单为【1.拾取点；2.不选择剖面图案；3.比例 1；4.角度 45；5.间距错开 0】，命令执行过程如下：

拾取环内一点：　　　　　　　　　　　（在剖面线填充区域内拾取一点）

当所拾取的区域封闭时，CAXA 电子图板将高亮显示区域边界，同时提示：

成功拾取到环，拾取环内一点：↙　　　　（右键结束拾取）

即完成填充，CAXA 电子图板会以系统默认的图案完成填充。如果对图案不满意，可以通过右键菜单中【剖面线编辑】命令对图案进行编辑（参见 3.1.1）。

（5）绘制键槽（参见图 4-7）

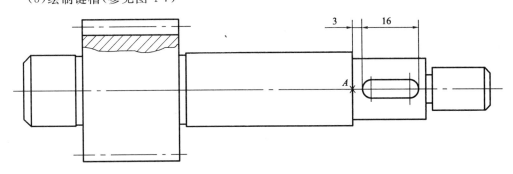

图 4-7　绘制键槽

单击【提取图符】命令按钮 ，在弹出的【提取图符】对话框中选择【常用图形】→【常用剖面图】→【A 型轴平键】，如图 4-8 所示。单击【下一步】按钮，打开【图符预处理】对话框，在键槽的【尺寸规格选择】列表中选择键宽 $b=5$，键长 $l=16$，单击【完成】按钮，接下来设置立即菜单为【1.不打散；2.不消隐】，命令执行过程如下：

图符定位点：　　　　　　　　　　　　（指定交点 A）

旋转角：↙　　　　　　　　　　　　　（右键取默认的 0°）

---

① 当然也可以大致绘制了波浪线后通过修改（如裁剪或延伸等）使端点位于齿轮两端面线上。

图符定位点: (右键结束命令)

再使用【平移】命令,将键槽水平向右移动3。

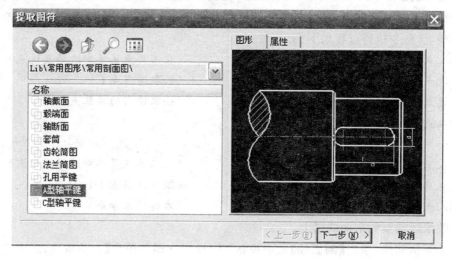

图 4-8 提取图符绘制键槽断面图

(6)绘制螺纹细实线(参见图 4-9)

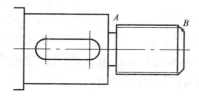

图 4-9 绘制螺纹细实线

单击【平行线】命令按钮 ✏,设置立即菜单为【1.两点方式;2.距离方式;3.到线上;4.距离 5.5】,命令执行过程如下:

拾取直线: (拾取轴线)

指定平行线起点: (指定端点 A)

拾取平行线延伸到的曲线: (拾取倒角边 B)

…… (重复上过程绘制另一侧平行线)

指定平行线起点:↙ (右键结束命令)

步骤 2,绘制局部放大图

(1)插入局部放大图:单击【局部放大】命令按钮 🔍,设置立即菜单为【1.圆形边界;2.加引线;3.放大倍数 5;4.符号 I】,命令执行过程如下:

中心点: (指定圆形边界的中心)

输入半径或圆上一点: (指定一适当大小的圆)

符号插入点: (移动光标指定符号位置)

实体插入点: (移动光标指定局部放大图插入位置)

输入角度或由屏幕上确定:<－360,360>↙ (右键接受系统默认的 0°)

拾取符号插入点: (在局部放大图正上方指定符号位置)

插入后的局部放大图如图 4-10 所示。

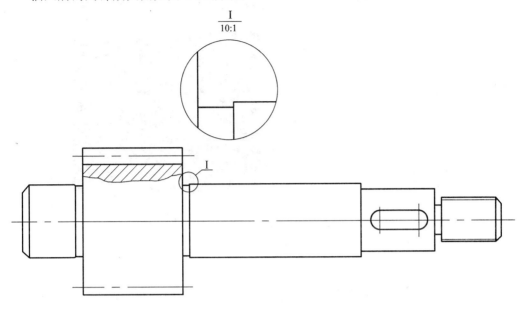

图 4-10　插入局部放大图

（2）编辑局部放大图（参见图 4-11）

①插入的局部放大图是一个图块，单击【分解】命令按钮，单击图块上任一点来选择图块，单击鼠标右键结束选择，即可进行图块分解。

②修剪圆边界多余的部分，并保证该边界线型为细实线。

③绘制圆角 A：选择【过渡】命令按钮下拉列表中的【圆角】命令，设置立即菜单为【1.裁剪始边；2.半径 4】，命令执行过程如下：

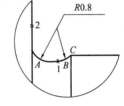

图 4-11　编辑局部放大图

拾取第一条曲线：	（拾取边 1）
拾取第二条曲线：	（拾取边 2）
拾取第一条曲线：✓	（右键结束命令）

④绘制圆弧 B：单击【圆弧】命令按钮，设置立即菜单为【1.两点_半径】，命令执行过程如下：

第一点（切点）：	（捕捉端点 C）
第二点（切点）：	（键入 T）
切点［请拾取曲线］：	（拾取线段 1）
第三点（切点或半径）：4 ✓	（移动光标显示合适圆弧时键入半径）

步骤 3，绘制键槽断面图

和绘制轴上键槽的操作过程类似，运用【提取图符】命令，在【提取图符】对话框中选择【常用图形】→【常用剖面图】→【轴截面】，如图 4-12 所示。单击【下一步】按钮，打开【图符预处理】对话框。在键槽断面的【尺寸规格选择】列表中选择 $d=17, b=5, t=3.0$，单击【完成】按钮。在绘图区指定图符插入点和旋转角度，即完成绘图。

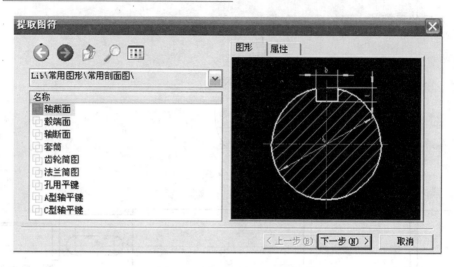

图 4-12　轴上键槽断面图绘制

步骤 4,插入技术要求

选择【提取图符】命令按钮下拉列表中的【技术要求库】命令,弹出如图 4-13 所示的对话框。在【内容输入区】中输入技术要求内容,单击对话框的【生成】按钮,指定技术要求插入点,即可完成技术要求插入。【内容输入区】中的内容可以逐字输入,也可以通过双击【要求】列表中选中的某一行来得到。一般通过编辑技术要求库的内容来完成技术要求输入。

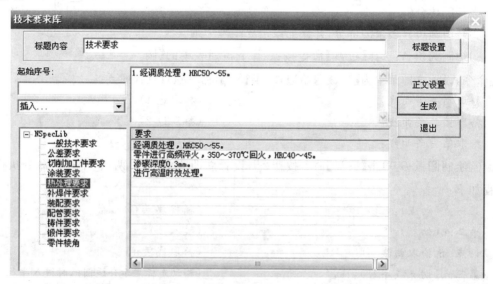

图 4-13　【技术要求库】对话框

步骤 5,定义并调入齿轮参数栏

CAXA 电子图板提供了斜齿圆柱齿轮和圆锥齿轮的标准参数表,可用功能区【图幅】选项卡【参数栏】面板中的【调入参数栏】命令来插入。由于两个标准参数表表项极多,不适合本图使用。本图中的齿轮参数表可以像普通画图一样绘制,也可自定义参数栏来插入,为了解 CAXA 电子图板的参数栏功能,本例采用参数栏定义和插入来绘制齿轮参数表。

(1)绘制齿轮参数表:在 CAXA 电子图板中新建一个文件,设置图纸比例为 1∶1,绘制如图 4-14(a)所示的图形,其中文字居中(图中 A、B 为文本框的两对角点),具体文字设置如图 4-14(b)所示。

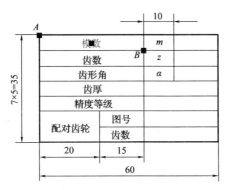

(a)绘制表格线和文字内容

水平居中   垂直居中

(b)表格中文字设置

图 4-14 绘制齿轮参数表

(2)将各参数值定义为块属性:以"模数"属性为例,选择【块插入】命令按钮 下拉列表中的【属性】命令,弹出如图 4-15 所示的【属性定义】对话框。在【名称】文本框中输入相应属性的标识,单击对话框的【确定】按钮,状态栏提示如下:

定位点或矩形区域的第一角点:　　　　　　　(拾取点 A)

矩形区域的第二角点:　　　　　　　　　　　(拾取点 B)

依次定义各参数属性,如图 4-16 所示。

(3)定义参数栏:在功能区【图幅】选项卡的【参数栏】面板中单击【定义参数栏】命令按钮 ,命令执行过程如下:

拾取元素:　　　　　　　　　　　　　　　　(窗口方式拾取整个参数表)

对角点:　　　　　　　　　　　　　　　　　(右键结束拾取)

基准点:　　　　　　　　　　　　　　　　　(捕捉参数栏右上角)

弹出如图 4-17 所示的【保存参数栏】对话框,命名参数栏,单击【确定】按钮,即完成参数栏定义。

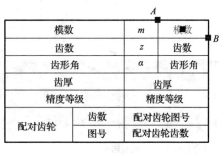

图 4-15　参数栏中"模数"参数值的属性定义

（4）调入齿轮参数栏：在功能区【视图】选项卡的【窗口】面板中单击【文档切换】命令按钮 下拉列表，返回齿轮轴文件中。在功能区【图幅】选项卡的【参数栏】面板中单击【调入参数栏】命令按钮 ，系统打开如图 4-18 所示的【读入参数栏文件】对话框，从中可以看到刚刚定义的齿轮参数表，双击该参数表，捕捉图框的右上角为定位点，即调入参数栏。因为齿轮轴是按照 2∶1 的图纸比例绘制

模数	m	模数
齿数	z	齿数
齿形角	α	齿形角
齿厚		齿厚
精度等级		精度等级
配对齿轮	齿数	配对齿轮图号
	图号	配对齿轮齿数

图 4-16　参数属性定义

的，可以看出，该参数栏和其他图幅对象一样是按图纸比例的倒数倍数调入的。

图 4-17　【保存参数栏】对话框

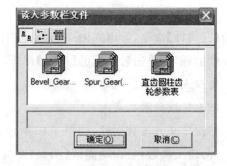

图 4-18　【读入参数栏文件】对话框

（5）填写参数栏：在功能区【图幅】选项卡的【参数栏】面板中单击【填写参数栏】命令按钮 ，选择刚刚调入的参数栏，系统即打开如图 4-19 所示的【填写参数栏】对话框。逐项输入对应的参数值，单击【确定】按钮，即完成参数栏填写。

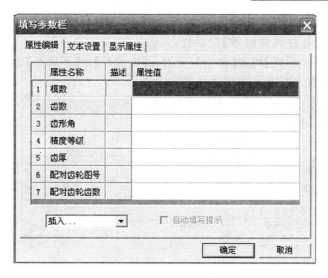

图 4-19　【填写参数栏】对话框

4.3　零件图标注

零件图标注包括尺寸标注和技术要求标注。零件图的各种标注命令可通过以下方式来选择：
- 主菜单:【标注】;
- 功能区:【常用】→【标注】或【标注】→【标注】;
- 工具栏:【标注】;
- 键盘命令或快捷键。

一、尺寸标注步骤及方法

先主后次,逐一标注各轴段及倒角的尺寸。

1.尺寸公差标注

以尺寸 $\phi 20^{-0.020}_{-0.041}$ 为例说明尺寸公差的标注。参照图 4-20,和普通圆柱直径标注方法一样,分别拾取被标注的两条平行线 A、B。不同的是,当提示指定尺寸线位置时,按如下方式响应命令提示:

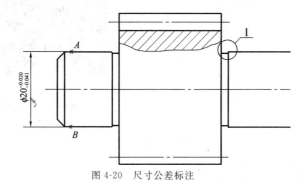

图 4-20　尺寸公差标注

尺寸线位置：✓ 　　　　　　　　　　　（移动光标到尺寸线合适的位置单击右键）

系统打开【尺寸标注属性设置】对话框,如图 4-21 所示。在【公差与配合】选项区,选择【输入形式】和【输出形式】均为【偏差】,分别在【上偏差】和【下偏差】文本框中输入上、下偏差值,单击【确定】按钮,即完成尺寸公差标注。

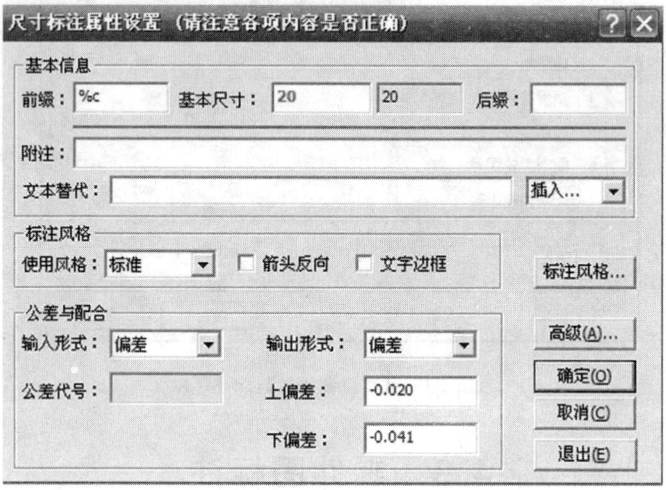

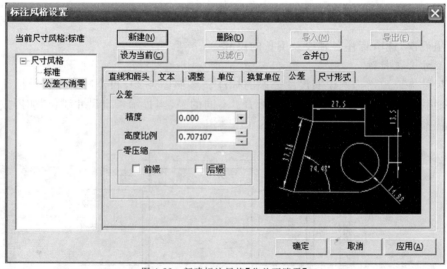

图 4-21 【尺寸标注属性设置】对话框

按 CAXA 电子图板的默认尺寸标注样式设置,用户会发现偏差－0.020 最后一位 "0"被省略了。如果需要保留"0"后缀,需要建立另外的尺寸标注样式[①]。其方法是新建标注样式(此命名为"公差不消零"),在【标注风格设置】对话框的【公差】选项卡中,取消【零压缩】选项区的【后缀】选项(使复选框内无"✓"号),如图 4-22 所示。然后单击图上已标注的尺寸公差 $\phi20_{-0.041}^{-0.02}$,在右键菜单的【标注风格】子菜单中选择刚刚创建的【公差不消零】样式。

图 4-22 新建标注风格【公差不消零】

---

① 如果修改默认的【标准】标注样式,则当极限偏差为 0 时,会标注为 0.000。

2.局部放大图尺寸标注

局部放大图使用了 10:1 的放大比例,为使其上尺寸标注反映实际尺寸,需要新建一标注样式,设置其度量比例为图形比例的倒数。方法如下:新建一标注样式(这里命名为"5:1"),在【标注风格设置】对话框的【单位】选项卡中,设置【度量比例】为 1:5,并将新建的标注样式设为当前标注样式,如图 4-23 所示。

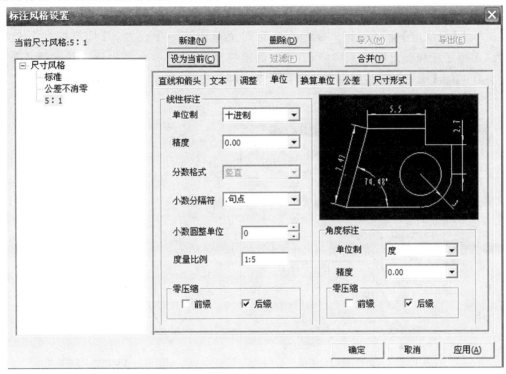

图 4-23　设置局部放大图的标注样式

局部放大图的标注过程从略。

将当前标注样式改回系统默认的【标准】风格。

3.倒角标注

选择主菜单【标注】→【倒角标注】命令,命令立即菜单和提示如下:

【1.轴线方向为 x 轴方向;2.标准 45 度倒角;3.基本尺寸】

拾取倒角线:　　　　　　　　　　　　　　(拾取齿轮轴主视图左端倒角斜线)

【1.轴线方向为 x 轴方向;2.标准 45 度倒角;3.基本尺寸 2%×45%d】[①]

尺寸线位置:　　　　　　　　　　　　　　(移动光标到合适的位置单击左键)

……　　　　　　　　　　　　　　　　　　(继续拾取其他倒角斜线)

拾取倒角线:✓　　　　　　　　　　　　　 (右键结束命令)

4.粗糙度符号标注

CAXA 电子图板提供了"简单标注"和"标准标注"两种粗糙度标注方式。简单标注时粗糙度符号的长边不带横线,一般用于按照原标准 GB/T 131—1993 标注粗糙度符号。

[①]　系统默认的倒角标注形式是 $n \times 45°$,也可按"Cn"形式标注(C 即表示 $45°$),可通过键入新的【3.基本尺寸】来获得。

使用"标准标注"时,弹出如图 4-24 所示的【表面粗糙度】对话框,在对话框相应的文本框中输入参数,可实现各种要求的粗糙度标注。按照新粗糙度标注标准 GB/T 131—2006 标注粗糙度时,要使用标准标注。

图 4-24 所示对话框中选项【相同要求】选中时,粗糙度符号形式如图 4-25 所示。

粗糙度符号的标注位置可以选择"默认方式"或"引出方式"。

"标准方式"粗糙度符号的标注过程如下:

单击【粗糙度】命令按钮 √,将命令立即菜单的第一项设置为【标准标注】,这时 CAXA 电子图板弹出如图 4-24 所示的【表面粗糙度】对话框。在其中设置基本符号及所需参数,单击【确定】按钮,根据需要设置命令立即菜单为【默认方式】或【引出方式】,之后响应命令行提示:

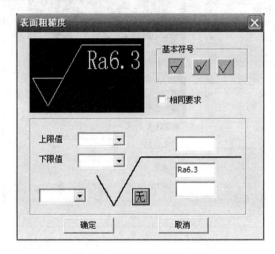

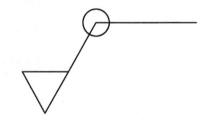

图 4-24 【表面粗糙度】对话框　　　　　　　　图 4-25 【相同要求】粗糙度

拾取定位点或直线或圆弧:	(拾取标注对象)
拖运确定标注位置:	(移动光标确定符号位置)
……	(重复上过程)
拾取定位点或直线或圆弧:✓	(右键结束命令)

本实例中,考虑粗糙度符号标注空间需要,根据粗糙度标注规定,将一些出现次数较多的粗糙度参数用字母标出,并在标题栏附近以等式的形式说明了其含义。

5. 剖切符号标注

在已经绘制了断面图的情况下,为保证断面图与剖切符号对齐(断面图位于剖切符号迹线的延长线上),利用断面图中心线端点导航确定剖切符号的第一点,如图 4-26 所示。

单击【剖切符号】命令按钮 ，设置命令立即菜单为【1.视图名称 A】,命令执行过程如下:

画剖切轨迹(画线):	(追踪断面图圆心确定剖切符号第一个端点1)
画剖切轨迹(画线):	(确定剖切符号另一端点2)
画剖切轨迹(画线):✓	(右键结束画线,符号一端显示双向箭头)
请单击箭头选择剖切方向:	(拾取所需的箭头方向)
指定剖面名称标注点:	(移动光标确定字母 A 的位置)

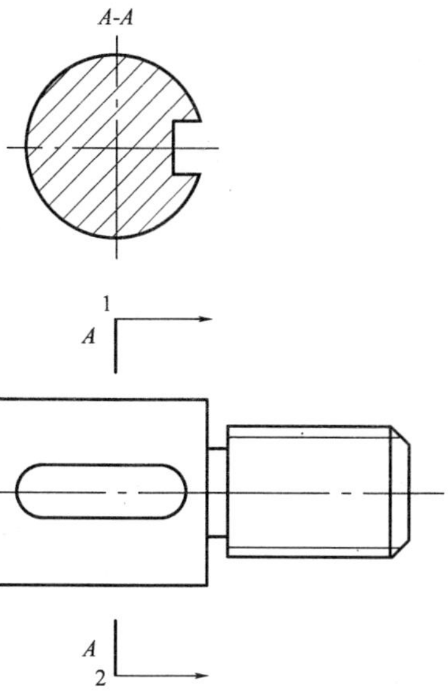

图 4-26　剖切符号的标注

……	（确定所有视图名称字母的位置）
指定剖面名称标注点：↙	（右键结束标注字母 A）
指定剖面名称标注点：	（在断面图正上方确定“A-A”标注位置）

二、绘图技巧积累

【等距线】命令绘制一组平行线

以本例中齿轮参数表格绘图为例，表格中有 7 行，行距为 5。

首先绘制第一条直线，如图 4-27 所示。

将细实线层切换为当前层。单击【等距线】命令按钮，设置命令立即菜单为【1. 单个拾取；2. 指定距离；3. 单向；4. 空心；5. 距离 5；6. 份数 7】，命令执行过程如下：

拾取曲线：	（拾取第一条直线，直线上显示双向箭头）
请拾取所需的方向：	（单击一点指定画线侧）

结果如图 4-28 所示。

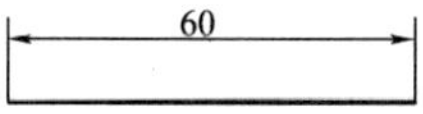

图 4-27　绘制表格的第一条直线

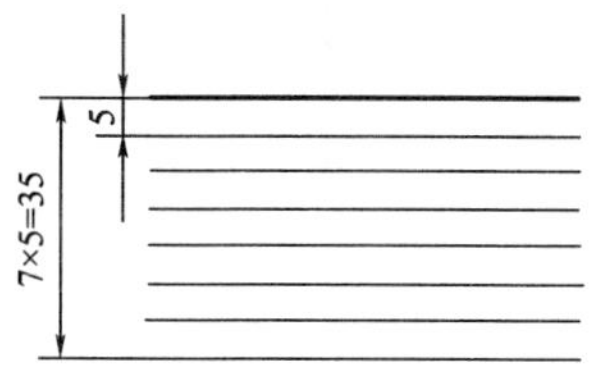

图 4-28　等距线结果

小　结

1.【孔/轴】命令是绘制孔、轴最简便的方法，但会产生重合图线，应及时使用【删除重线】清理,否则影响后续图形修改。

2.【局部放大图】命令为绘制局部放大图提供了方便,但插入的局部放大图要经过分解和适当的修改才能满足需要。

3.常见结构如各种工艺结构、轴截断面结构等使用【构件库】和【提取图符】命令绘制。

4.CAXA电子图板中尺寸公差、粗糙度、剖切符号等都有对应的标注命令。每种标注都受相应的样式控制,这些样式都集中在【样式管理】命令中。各种样式的系统默认设置基本上可以满足绘图需要,但学会它们的控制也是非常必要的。同时应注意,各种符号的高度是用图纸比例的倒数重置以后标注的,为使各种符号标注合理一致,应在绘图时首先设计好图纸比例。

5.常用的表格可以定义为参数栏,其中的变量使用块属性来定义。参数栏通过【调入参数栏】命令插入到图中,参数值是通过【填写参数栏】命令来填写的。

6.绘制各类图形时应从结构分析出发,按照先主后次、先外后内的顺序绘图和标注尺寸。

· 习　题 ·

4-1　绘制如图 4-29 所示图形,并标注尺寸。

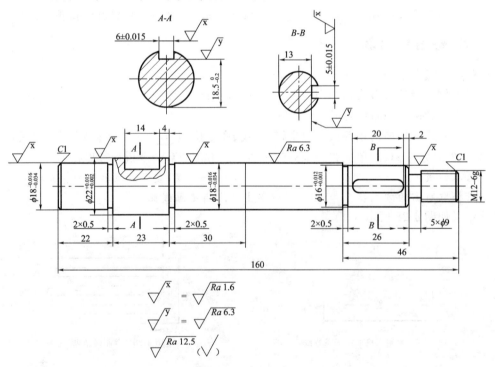

图 4-29　习题 4-1 图

4-2　绘制如图 4-30 所示图形,并标注尺寸。

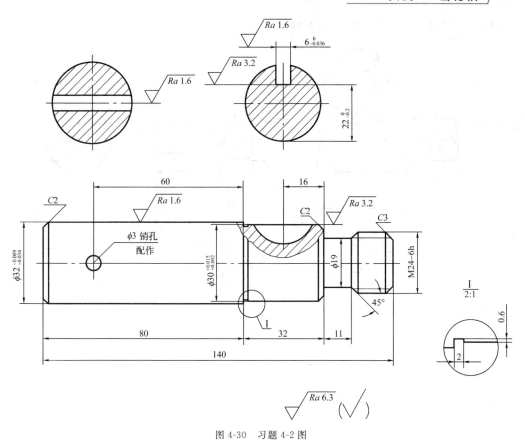

图 4-30　习题 4-2 图

4-3　绘制如图 4-31 所示图形,并标注尺寸。

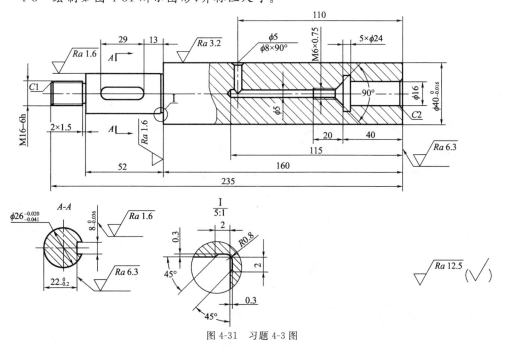

图 4-31　习题 4-3 图

4-4　绘制如图 4-32 所示图形,并标注尺寸。

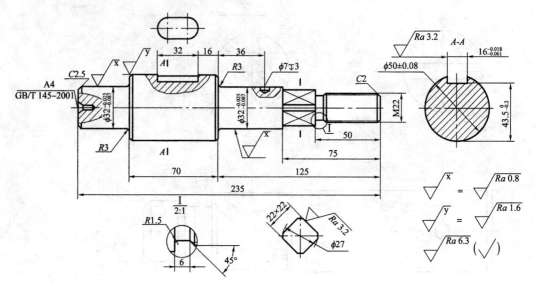

图 4-32　习题 4-4 图

实例 5

支　架

5.1　绘图说明

一、绘图目的

掌握零件图各种表达方法的绘图及尺寸标注方法,进一步熟悉零件图上各种符号的标注方法;巩固零件图绘图知识和技能。

二、绘图实例

用 1:1 比例绘制如图 5-1 所示图形,并标注尺寸及各项技术要求。

三、绘制要领

铸造过渡线的画法;半标注,引线标注,形位公差标注,基准符号标注;尺寸线倾斜处理。

四、绘图基础和作图准备

(1)选择 BLANK 模板新建一个文件。

(2)将捕捉设置区设置为"导航"。

(3)设置对象捕捉模式为"端点"、"交点"和"垂足",其余全部清除。

(4)设置极轴增量角为15,特征点导航模式为"垂直方向导航"。

(5)插入 A3 幅面:设置图纸比例为 1:1,选择一种标准图框和标题栏。

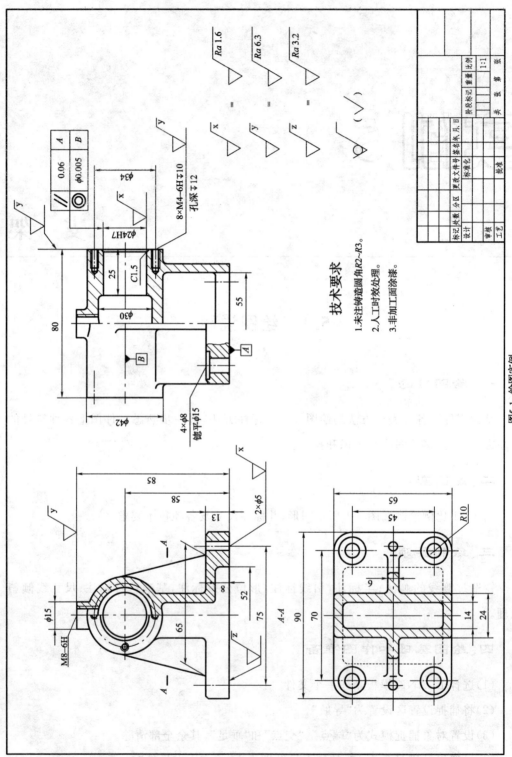

图5-1 绘图实例

5.1 图形分析和绘图步骤

一、绘图思路

支架类零件一般比较复杂。绘制复杂零件的图形,为了不丢线漏线,一定要采用形体分析法分析零件结构组成,分析零件图上每个视图的表达内容和重点,然后根据各组成部分的主次关系,先主后次,先确定相对位置,再确定形状,最后处理相邻结构的表面关系,如此逐一完成各视图绘图,绘图中边画边修改。

图 5-1 所示支架零件是由底座、轴承、支承架和筋板四个主要组成部分构成的。底座在长方体基体上有四个阶梯孔,下表面有方形凹槽,零件的俯视图反映了底座的形状特点;轴承是在圆柱基体上有阶梯孔,端面有均布的螺孔,上面有圆柱凸台,零件图的左视图采用半剖的表达方法反映了轴承的形状特点;支承架是四棱柱壳体,零件的俯视图反映了支承架的形状特点;筋板与轴承外圆相切,呈三棱柱状,主视图反映了筋板的形状特点。支架零件的结构形状如图 5-2 所示。

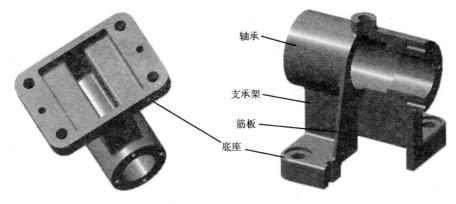

图 5-2 支架零件的结构形状

将上面分析的四个组成部分按照先主后次的顺序逐一画出它们的各个视图。其中主视图为半剖视图,表达了支承架内腔与底座方槽之间的连通关系;俯视图为全剖视图,在表达底座形状的同时,兼顾了支承架的断面形状;左视图为半剖视图,主要表达了轴承内孔及端面螺孔的形状。

二、作图步骤

步骤 1,绘制图形基准线

分别以零件的前后、左右对称面为长度和宽度基准,底座下表面为高度基准。各视图的基准线如图 5-3 所示。

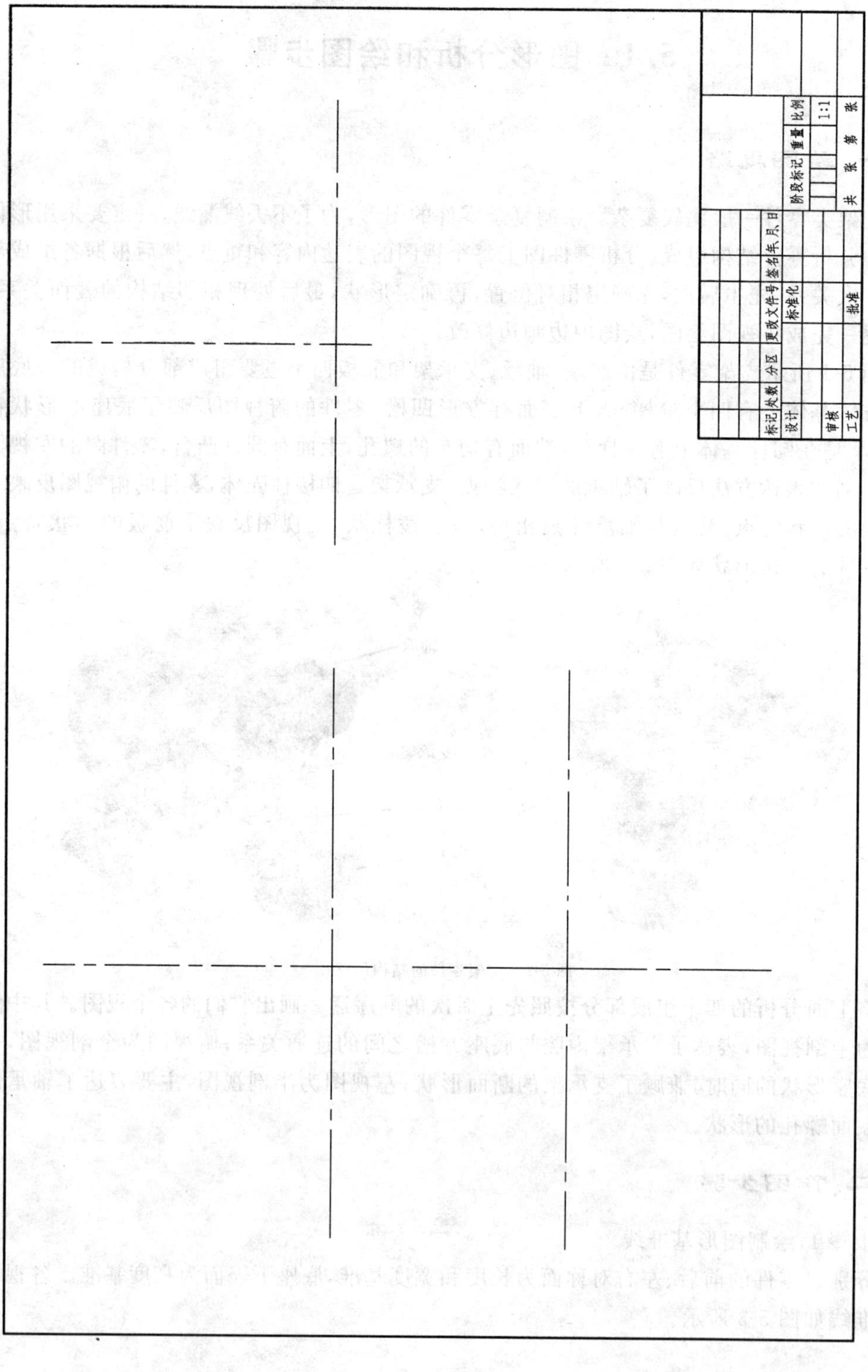

图5-3 绘制图形基准线

步骤 2,绘制底座、轴承、支承架和筋板等主体的各视图

(1)绘制底座长方体三视图

用【矩形】命令的【长度和宽度】方式,捕捉基准线的交点绘制底座的主、俯、左三个视图,如图 5-4 所示。

移动底座的主、左两视图,使其底面与高度基准线重合。单击【平移】命令按钮 ✛,设置立即菜单为【1.给定两点;2.保持原态;3.旋转角 0;4.比例 1】,命令执行过程如下:

拾取添加: (拾取主、左两长方形)

拾取添加: ↙   (右键结束选择)

第一点: (捕捉交点 A)

第二点: (捕捉基准线交点 B)

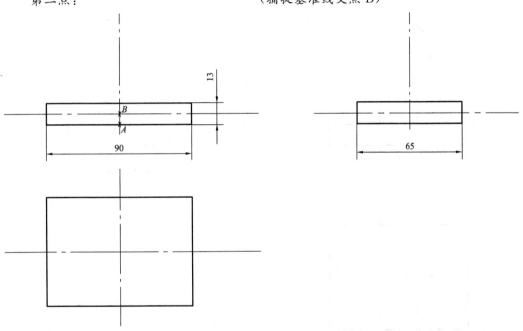

图 5-4 绘制底座长方体三视图

(2)绘制轴承主、左两视图

捕捉基准线交点,绘制轴承主视图的外圆和左视图的线框如图 5-5 所示。用【给定偏移】方式平移图形:单击【平移】命令按钮 ✛,设置立即菜单为【1.给定偏移;2.保持原态;3.旋转角 0;4.比例 1】,命令执行过程如下:

拾取添加: (拾取轴承的两个视图)

拾取添加: ↙   (右键结束选择)

X 或 Y 方向偏移量:58 ↙   (移动光标显示垂直导航线时键入偏移量并回车)

最后,用【中心线】命令添加圆的圆心线和圆柱线框的轴线。

(3)绘制支承架的三视图

①绘制支承架三视图(参见图 5-6)

以主视图为例:单击【平行线】命令按钮 ∥,设置立即菜单为【1.两点方式;2.距离方

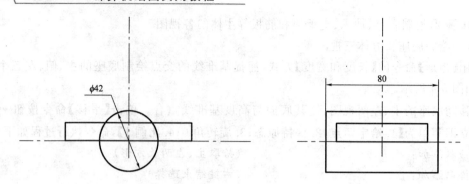

图 5-5　绘制轴承主视图的外圆和左视图的线框

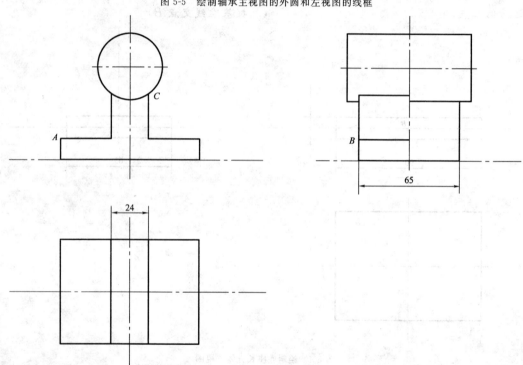

图 5-6　绘制支承架三视图

式;3.到线上;4.距离 12】,命令执行过程如下:

拾取直线:　　　　　　　　　　　　　（拾取主视图垂直基准线）

指定平行线起点:　　　　　　　　　　（捕捉与起点 Y 坐标相同的任意点如点 A）

拾取平行线伸展到的曲线:　　　　　　（拾取轴承圆）

……　　　　　　　　　　　　　　　　（重复上述过程绘制另一侧平行线）

指定平行线起点:↙　　　　　　　　　（右键结束命令）

　　左视图后端面线的画法有所不同,支承架和轴承外圆产生截交线,平行线的上端点位于该截交线上,作图时立即菜单的第 3 项设置为【到点】。操作过程如下:

　　单击【平行线】命令按钮 ⁄⁄ ,设置立即菜单为【1.两点方式;2.距离方式;3.到点;4.距离32.5】,命令执行过程如下:

拾取直线：　　　　　　　　　　　　（拾取左视图垂直基准线）

指定平行线起点：　　　　　　　　　（拾取点 B）

指定平行线终点或长度：　　　　　　（拾取主视图上点 C）

指定平行线起点：↙　　　　　　　　（右键结束命令）

②绘制截交线，裁剪线段。

（4）绘制筋板三视图（参照图 5-7）

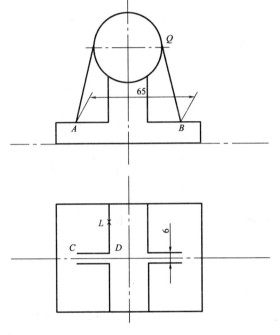
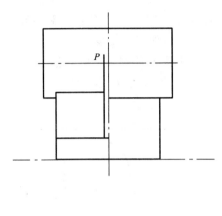

图 5-7　绘制筋板三视图

①绘制筋板主视图：确定筋板下端两个端点 A、B；单击【平行线】命令按钮 ⫽，设置立即菜单为【1.偏移方式；2.双向】，命令执行过程如下：

拾取直线：　　　　　　　　　　　　（拾取主视图垂直基准线）

输入距离或点（切点）：32.5↙　　　（键入两个端点距离之半）

输入距离或点（切点）：↙　　　　　（右键结束命令）

单击【直线】命令按钮 ⟋，设置立即菜单为【1.两点线；2.单根】，命令执行过程如下：

第一点（切点，垂足点）：　　　　　（捕捉交点 A）

第二点（切点，垂足点）：T　　　　（单击字母 T 设置切点模式）

切点［请拾取曲线］：　　　　　　　（拾取轴承圆）

……　　　　　　　　　　　　　　　（重复上述过程绘制另一侧斜线）

第一点（切点，垂足点）：↙　　　　（右键结束命令）

②绘制筋板俯视图：单击【平行线】命令按钮 ⫽，设置立即菜单为【1.两点方式；2.距离方式；3.到线上；4.距离 3】，绘制线段 CD，命令执行过程如下：

拾取直线：　　　　　　　　　　　　（拾取俯视图水平基准线）

指定平行线起点：　　　　　　　　　（拾取主视图上点 A）

拾取平行线伸展到的曲线：　　　　　（拾取直线 L）

……　　　　　　　　　　　　　　　（用同样的方式绘制其他三条线段）

指定平行线起点：✓　　　　　　　　（右键结束命令）

③绘制左视图：右键重复【平行线】命令，命令立即菜单的第 3 项设置为【到点】，拾取切点 Q 确定端点 P，绘图过程从略。

④裁剪多余线段

步骤 3，绘制轴承的其他结构

(1)绘制凸台(参见图 5-8)

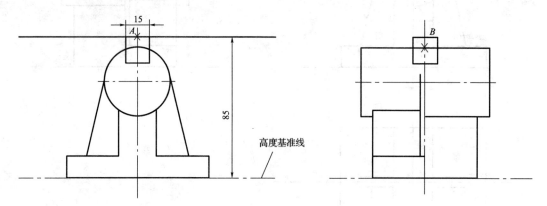

图 5-8　绘制凸台

①确定凸台端面线位置：单击【平行线】命令按钮 ⁄⁄，设置立即菜单为【1.偏移方式；2.单向】，命令执行过程如下：

拾取直线：　　　　　　　　　　　　（拾取主视图高度基准线）

输入距离或点(切点)：85 ✓　　　　（键入距离）

输入距离或点(切点)：✓　　　　　 （右键结束命令）

②绘制凸台：单击【孔/轴】命令按钮 ，立即菜单设置和命令执行过程如下：

【1.轴；2.直接给出角度；3.中心线角度 90】

插入点：　　　　　　　　　　　　　（拾取交点 A）

【1.轴；2.起始直径 15；3.终止直径 15；4.无中心线】

轴上一点或轴的长度：　　　　　　 （拾取屏幕上圆内一点）

轴上一点或轴的长度：✓　　　　　 （右键结束命令）

③复制获得左视图：单击【平移复制】命令按钮 ，设置立即菜单为【1.给定两点；2.保持原态；3.旋转角 0；4.比例 1；5.份数 1】，命令执行过程如下：

拾取添加：　　　　　　　　　　　 （窗口拾取主视图凸台图线）

对角点：✓　　　　　　　　　　　 （右键结束拾取）

第一点：　　　　　　　　　　　　 （捕捉交点 A）

第二点或偏移量：　　　　　　　　 （捕捉导航线与左视图基准线的垂足 B）

④编辑图形,完成凸台两视图。

(2)绘制轴承其他结构的主视图(参见图 5-9)

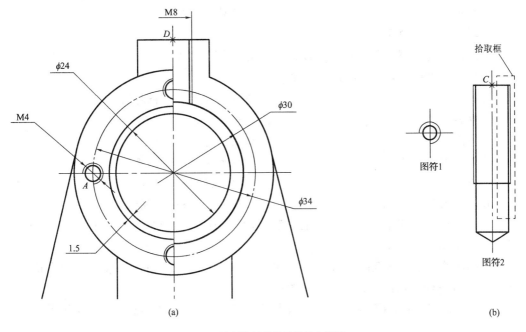

图 5-9　绘制轴承其他结构的主视图

主视图为半剖视图,主要通过画圆和裁剪操作完成,其中端面螺孔和凸台上的螺孔是通过提取图符绘制的,两个图形都分别采用了图符的一部分。其绘图过程如下:

①画端面螺孔:单击【提取图符】命令按钮，选择【常用图形】→【孔】→【粗牙内螺纹】,如图 5-10 所示。单击【下一步】按钮,打开【图符预处理】对话框,在【尺寸规格选择】列表中选择 $D=4$,其他参数接受默认设置,单击【完成】按钮。设置立即菜单为【1.打散】,命令执行过程如下:

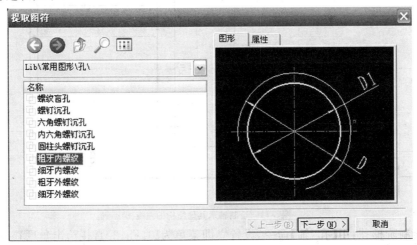

图 5-10　提取 M4 内螺纹

图符定位点：　　　　　　　　　　（选择空白处任意点插入图符）

旋转角：　　　　　　　　　　　　（右键单击接受默认旋转角度）

图符定位点：　　　　　　　　　　（右键结束命令）

得到图 5-9(b)所示图符 1。

单击【平移复制】命令按钮 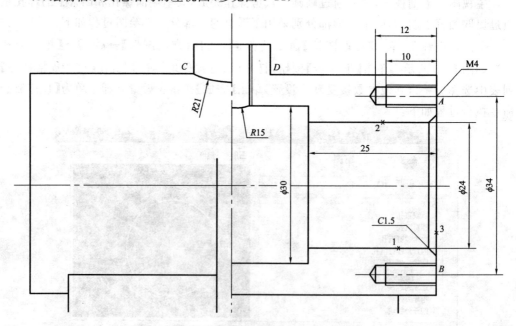，设置立即菜单为【1.给定两点；2.保持原态；3.旋转角 0；4.比例 1；5.份数 1】，命令执行过程如下：

拾取添加：　　　　　　　　　　　（拾取图符 1 中圆和圆弧）

拾取添加：↙　　　　　　　　　　（右键结束拾取）

第一点：　　　　　　　　　　　　（捕捉图符中心线交点）

第二点或偏移量：　　　　　　　　（捕捉主视图上螺孔插入点 A）

……　　　　　　　　　　　　　　（依次捕捉其他插入点）

第二点或偏移量：↙　　　　　　　（右键结束平移复制命令）

②画凸台螺孔：用同样的方式再提取【螺纹盲孔】(尺寸规格为 M8)插入到图形中，如图 5-9(b)中图符 2。

选择图符 2 上选择框内的两条直线，以交点 C 为第一点，将内螺纹复制到主视图交点 D 上。同样绘制出凸台螺孔的左视图。

③编辑图形：主要用【裁剪】命令的【拾取边界】方式，对图形进行修剪，并删除多余线段。

(3)绘制轴承其他结构的左视图(参见图 5-11)

图 5-11　绘制轴承其他结构的左视图

①绘制阶梯孔：用【孔/轴】命令，设置立即菜单为【1.孔；2.直接给出角度；3.中心线角度 0】，绘制轴承内孔。

②绘制 M4 螺纹：首先使用【平行线】命令，设置立即菜单为【1.偏移方式；2.双向】，绘

制螺孔所在中心线,得到交点 A 和 B。使用【提取图符】命令,提取【螺纹盲孔】,按图示设置图符尺寸,分别捕捉交点 A 和 B,输入旋转角为"-90",完成图符插入。

③绘制内孔端面倒角:选择【过渡】命令按钮 ▢ 下拉列表中的【内倒角】命令,设置立即菜单为【1. 长度 1.5;2. 角度 45】,按图上 1、2、3 标识的顺序拾取直线,即完成孔端倒角。

④绘制凸台内外相贯线:用简化画法绘制相贯线,即以大圆柱的半径为半径,使用【两点_半径】方式绘制圆弧。外圆相贯线取图上 C 和 D 点为圆弧端点;孔相贯线通过镜像螺孔小径线获得圆弧两端点。

⑤编辑图形,裁剪、删除多余线。

步骤 4,绘制支承架和底座的其他结构

如图 5-12 所示,绘图过程略。

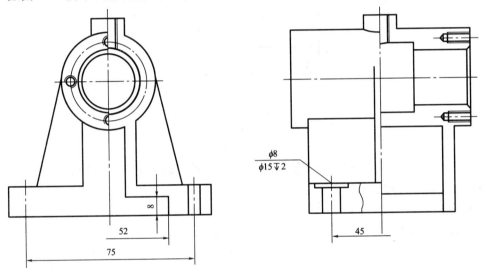

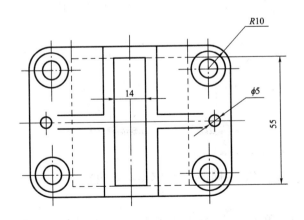

图 5-12　绘制支承架和底座的其他结构

步骤 5,过渡处理

(1)过渡圆角

零件上非加工面之间一般都是圆角过渡。在零件图上存在三种过渡圆角:顶角过渡圆角、端面过渡圆角和丁字相交过渡圆角,分别如图 5-13 中 A、B、C 所示。

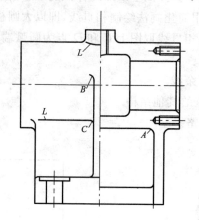

图 5-13　过渡圆角类型和过渡线

A—顶角过渡圆角;B—端面过渡圆角;C—丁字相交过渡圆角;L—过渡线

现以图 5-13 上标识 A、B、C 的三处过渡为例说明其绘图方法。

①顶角过渡圆角:单击【过渡】命令按钮 ，设置立即菜单为【1.圆角;2.裁剪;3.半径 2】,命令执行过程如下:

拾取第一条曲线:　　　　　　　　　　　(拾取一条邻边)

拾取第二条曲线:　　　　　　　　　　　(拾取另一条邻边完成一处过渡)

……　　　　　　　　　　　　　　　　　(设置立即菜单,重复执行其他处过渡操作)

拾取第一条曲线:　　　　　　　　　　　(右键结束命令)

②端面过渡圆角:首先向圆角侧补画一条直线段,再用顶角过渡圆角方式添加圆角,最后删除补画的直线段,如图 5-14 所示。

(a)线段　　　　　(b)补画直线段　　　　　(c)顶角过渡　　　　　(d)删除补画的直线段

图 5-14　绘制端面过渡圆角的过程

③丁字相交过渡圆角:与顶角过渡圆角类似,不同的是使用【裁剪始边】选项。操作过程如下:

单击【过渡】命令按钮 ，设置立即菜单为【1.圆角;2.裁剪始边;3.半径 2】,命令执行过程如下:

拾取第一条曲线:　　　　　　　　　　　(拾取被裁剪的邻边)

拾取第二条曲线:　　　　　　　　　　　(拾取另一条邻边完成一处过渡)

(2)过渡线

由于圆角过渡,两表面的界线已不清晰,这时用过渡线来表示两表面交线,如图 5-13 中 L 标识的相贯线和截交线。过渡线与其对应原表面交线形状和位置一样,不同的是过渡线端点与过渡圆角之间留有间隙。画图时在原交线基础上,利用夹点编辑改变端点位置,使原交线缩短稍许即可。

步骤 6,填充剖面线

单击【剖面线】命令按钮 ,设置立即菜单为【1.拾取点;2.不选择剖面图案;3.比例 2;4.角度 0;5.间距错开 0】,然后逐一在各剖面线填充区域内拾取一点,即完成填充。如果对填充图案不满意,拾取任意一处剖面线,通过右键菜单进行编辑(参见第一篇 3.1.1),此处从略。

5.2 零件图标注

一、尺寸标注步骤及方法

和绘图过程一样,按照零件结构组成的主次、内外顺序标注定位、定形尺寸,各种类型的尺寸标注方法参见第一篇 4.2.1、4.2.7 及第二篇 4.3。在此就半标注、孔旁注、形位公差标注和倾斜标注等情况进行说明。

1.半标注

在半剖视图、局部视图中经常遇到半标注的情况,如图 5-15 中底座凹槽尺寸 52 和 55。

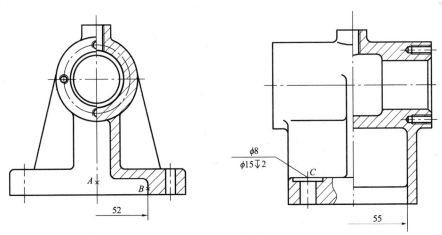

图 5-15 半标注和孔旁注操作

下面以标注尺寸 52 为例,说明半标注的方法。

选择【尺寸标注】命令按钮 下拉列表中的【半标注】命令,系统显示立即菜单【1.长度;2.延伸长度 3;3.前缀;4.基本尺寸】,并提示:

拾取直线或第一点:　　　　　　　　　　(拾取对称轴线 A)

拾取与第一条直线平行的直线或第二点： （拾取尺寸界线引出线 B）

尺寸线位置： （指定尺寸线位置）

拾取直线或第一点： （右键结束命令）

2.孔旁注

参见图 5-15,孔旁注标注过程如下：

单击功能区【标注】选项卡的【标注面板】中的【引出说明】命令按钮 ，弹出【引出说明】对话框,如图 5-16 所示。在【上说明】、【下说明】文本框中输入需要的内容,单击【确定】按钮,立即菜单设置和系统提示如下：

【1.文字缺省方向；2.延伸长度 3】

第一点： （捕捉孔端面线与轴线的交点 C）

这里光标上预显文字内容,移动光标至合适的位置拾取屏幕点,即完成孔旁注。

标注内容中有些特殊符号如沉孔深度符号 ,通过【插入】列表选择插入。

图 5-16 【引出说明】对话框

3.基准代号和形位公差标注(参见图 5-17)

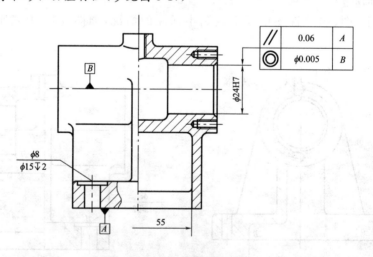

图 5-17 基准代号和形位公差标注

(1)基准代号标注:以基准代号 A 标注为例,单击功能区【标注】选项卡【标注】面板中的【基准代号】命令按钮 ,系统显示命令立即菜单为【1.基准标注；2.给定基准；3.默认方式；4.基准名称 A】,并提示：

拾取定位点或直线或圆弧： （拾取基准要素即底座下表面）

光标预显基准代号,拾取一点确定基准代号所在侧,即完成基准代号的标注。

（2）形位公差标注：单击【形位公差】命令按钮 ，弹出【形位公差】对话框，如图 5-18 所示。

图 5-18　【形位公差】对话框

第一步，在【公差代号】区单击代号按钮 //，在【公差 1】选项区文本框中键入公差值 0.06，在【基准一】文本框中键入基准代号 A。

第二步，在【当前行】选项区单击【增加行】按钮，和第一步操作一样，单击代号按钮 ◎，在【公差 1】选项区文本框中键入公差值 ϕ0.005，在【基准一】文本框中键入基准 B。单击【确定】按钮退出对话框。

系统显示命令立即菜单【水平标注】，并提示：

拾取定位点或直线或圆弧：　　　（捕捉尺寸线端点）

引线转折点：　　　　　　　　　（在垂直导航线上适当的位置拾取一点）

拖动确定标注位置：　　　　　　（在水平导航线上指定符号位置）

4.倾斜标注（参见图 5-19）

第一步，和一般尺寸标注一样，标注筋板下端面尺寸 65。

第二步，在当前没有任何命令运行的情况下，单击尺寸 65 上一点使之高亮显示，在右键菜单中选择【标注编辑】命令，系统显示命令立即菜单：【1.尺寸线位置；2.文字平行；3.文字居中；4.界限角度 90；5.前缀；6.基本尺寸 65】。修改【界限角度】为 60，重新确定尺寸线位置，即完成尺寸界线与尺寸线的倾斜标注。

如果需要改变尺寸文字的位置，需首先选择立即菜单第 1 项的【文字位置】选项，完成文字位置修

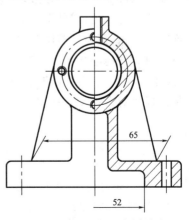

图 5-19　尺寸界线与尺寸线倾斜标注

改,再修改界限角度。

二、绘图技巧积累

1.绘制倒圆

孔(或轴)端有倒角,在孔(或轴)投影为圆的视图上将产生倒圆。可以和一般圆画图一样,使用【圆】命令来绘制倒圆。但由于倒角尺寸给的是倒圆与孔(或轴)的半径差,故使用【等距线】命令绘制倒圆更方便。设置等距线命令的立即菜单为【1.单个拾取;2.指定距离;3.单向;4.空心;5.距离1.5;6.份数1】,拾取孔圆,指定圆的偏移侧,即按指定的距离完成倒圆画图。

2.绘制锪平孔

绘制锪平孔,可以用【孔/轴】命令绘制,还可以用【提取图符】来插入。选择【常用图形】→【孔】→【六角螺钉沉孔】,选择尺寸规格,单击【完成】按钮退出【图符预处理】对话框,设置立即菜单为【1.不打散;2.消隐】,指定图符定位点和旋转角,即可完成锪平孔的绘制。

3.图案填充

图案填充时,如果图上有螺纹细实线(非提取图符插入的),在执行【填充】命令前关闭细实线层会方便指定填充区域,保证剖面线画至螺纹顶径线(即粗实线)处。波浪线(【样条】命令绘制)是剖切与不剖切部分的分界线,执行【填充】命令时波浪线不可以关闭,故建议将波浪线置于剖面线层中。

小　结

1.绘制零件图应以组成零件的结构要素为单位,理解零件图各视图的表达内容和重点,遵循一个合理的顺序画图,克服机械地用曲线拼凑图形。一般是依据对零件结构的分析,确定各主要视图的绘图基准,然后按照先主后次、先外后内的顺序画图,先表达结构要素,再处理邻接结构的表面关系,边画边修改。

2.为提高画图速度和准确性,绘制某个结构要素时,往往先把该要素的图形画到容易捕捉的相对基准点,然后再通过【平移】、【复制】等编辑命令将图形移到实际位置上。

3.由于铸造圆角,零件图上需要处理不同的过渡圆角和过渡线。常将图上的圆角分为端面过渡圆角、顶角过渡圆角和丁字相交过渡圆角三种情况。通过改变【过渡】命令的裁剪方式可方便地绘制各种过渡圆角。

4.【半标注】、【引出标注】、【形位公差】和【基准代号】等标注命令使相应的标注操作非常方便。通过对常规尺寸标注的编辑可实现尺寸界线倾斜标注。

·习　题·

5-1　绘制如图5-20所示图形,并标注尺寸及各项技术要求。

5-2　绘制如图5-21所示图形,并标注尺寸及各项技术要求。

5-3　绘制如图5-22所示图形,并标注尺寸及各项技术要求。

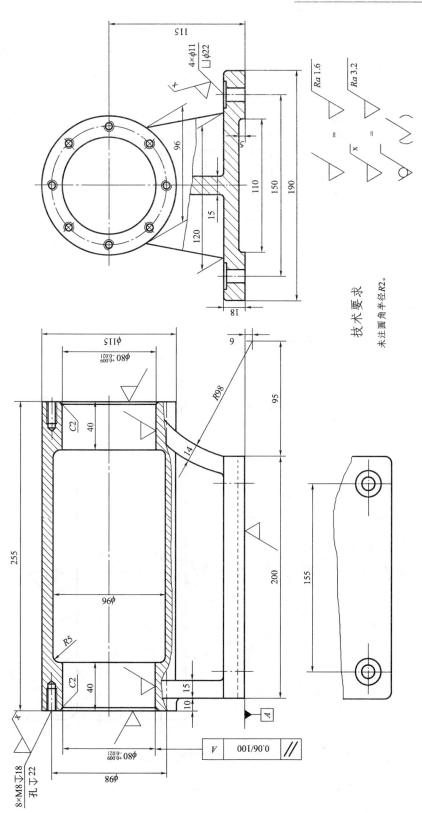

技术要求
未注圆角半径 R2。

图5-20 习题5-1图

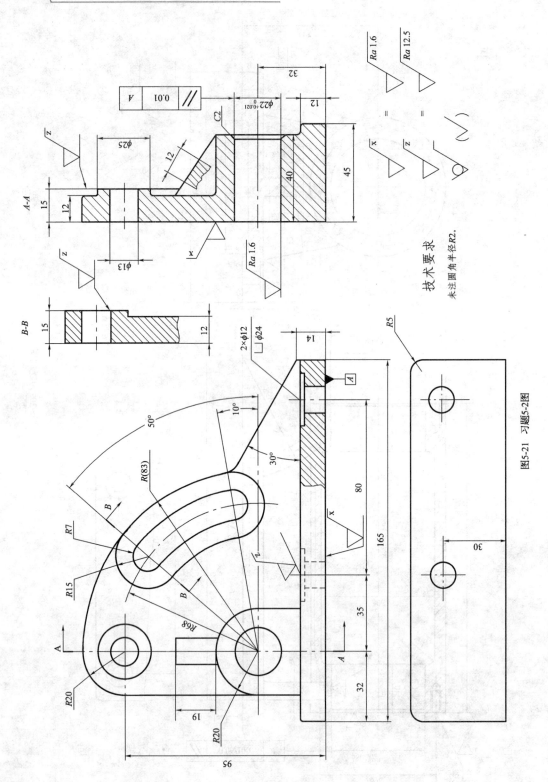

技术要求

未注圆角半径R2。

图5-21 习题5-2图

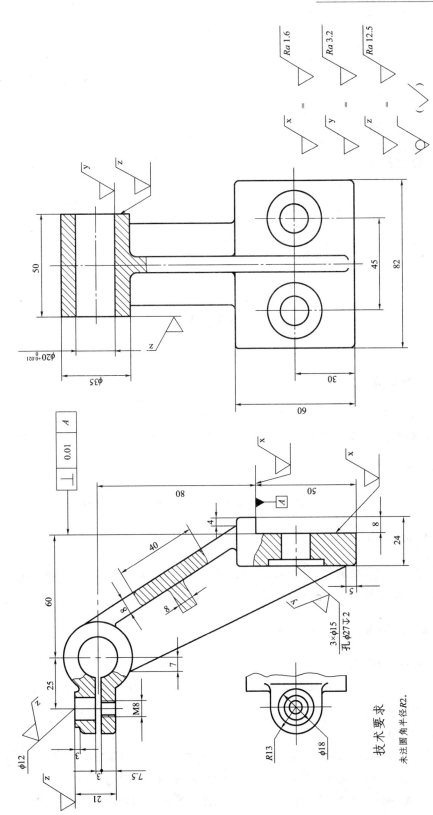

Ra 1.6
Ra 3.2
Ra 12.5

技术要求
未注圆角半径R2。

图5-22 习题5-3图

实例 6

装配图

6.1 绘图说明

一、绘图目的

掌握由零件图拼接画装配图的方法;掌握不同文件间图形复制和并入;掌握块的消隐和图形显示顺序控制;掌握配合尺寸标注;掌握零件序号标注和编辑方法、明细表生成。

二、绘图要求

图 6-1～图 6-8 为齿轮泵的零件图,试按 1∶1 的比例绘制齿轮泵的装配图 6-9。

三、技术要领

文件的并入操作;块消隐功能的控制和使用;图形要素显示顺序控制;零件序号标注和编辑、明细表生成与填写;配合尺寸标注;标准件的提取与插入。

四、绘图基础和作图准备

(1)掌握装配图画法及规定。

(2)了解齿轮泵零件图与装配图的关系,掌握齿轮泵的工作原理、动力传递路线、零件间的装配和连接关系。

(3)选择 BLANK 模板新建一个文件。

(4)将捕捉设置区设置为"导航";设置对象捕捉模式为"端点"、"交点"和"垂足",其余全部清除;设置极轴增量角为 15,特征点导航模式为"垂直方向导航"。

(5)插入 A2 幅面:设置图纸比例为 2∶1,选择一种标准图框和标题栏。

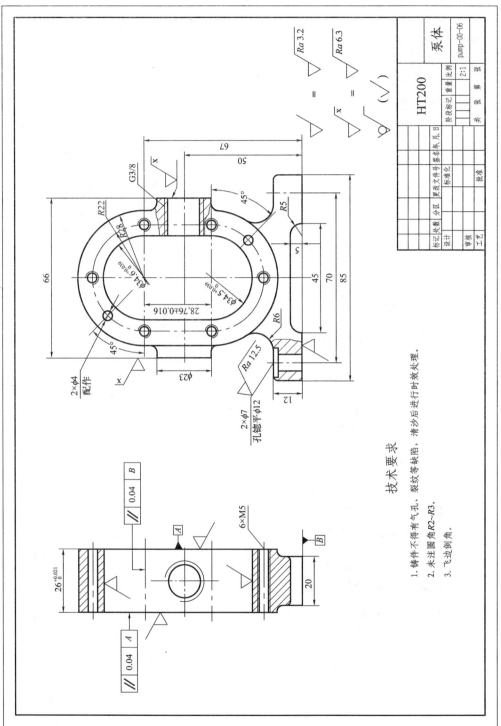

技术要求

1. 铸件不得有气孔、裂纹等缺陷, 清沙后进行时效处理。
2. 未注圆角 R2~R3。
3. 飞边倒角。

图6-1 泵体

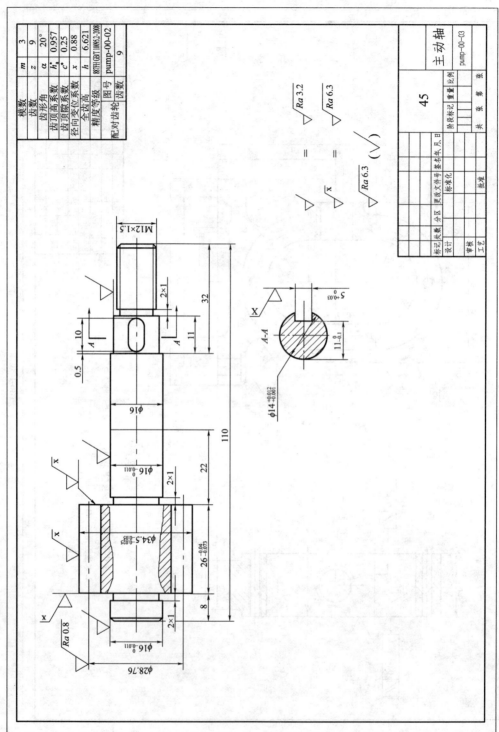

图6-2 主动轴

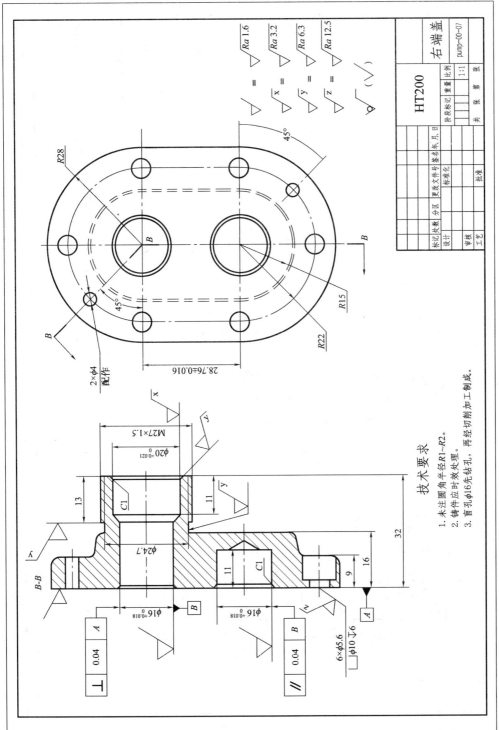

图6-3 右端盖

技术要求
1. 未注圆角半径 $R1 \sim R2$。
2. 铸件应时效处理。
3. 盲孔 $\phi16$ 先钻孔，再经切削加工制成。

HT200		右端盖	
		pump-00-07	
阶段标记	重量	比例	
		1:1	
共 张	第 张		

Ra 1.6 = √x
Ra 3.2 = √y
Ra 6.3 = √z
Ra 12.5 = (√)

M27×1.5
$\phi20^{+0.021}_{0}$
$\phi24.7$
13
11
32
16
9
11
C1
C1

$\phi16^{+0.018}_{0}$
$\phi16^{+0.018}_{0}$
6×$\phi5.6$
$\llcorner\phi10 \downarrow 6$

⊥ 0.04 | A
∥ 0.04 | B

B-B

R28
R15
R22
2×$\phi4$ 配作
45°
45°
28.76±0.016
B

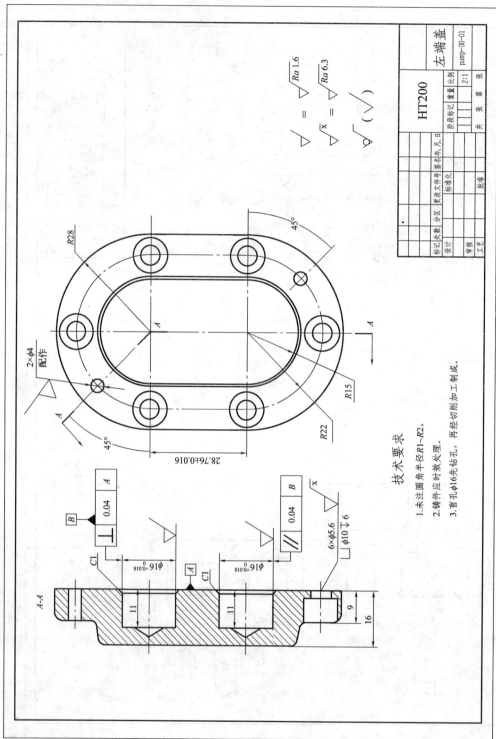

技术要求
1.未注圆角半径R1~R2。
2.铸件应时效处理。
3.盲孔φ16先钻孔,再经切削加工制成。

图6-4 左端盖

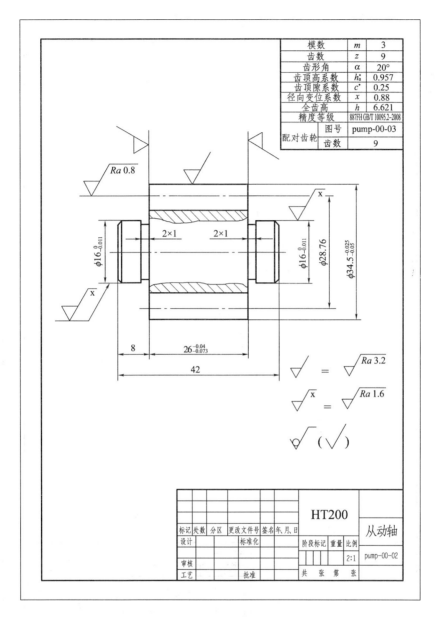

模数	m	3
齿数	z	9
齿形角	α	20°
齿顶高系数	h_a^*	0.957
齿顶隙系数	c^*	0.25
径向变位系数	x	0.88
全齿高	h	6.621
精度等级	887FH GB/T 10095.2-2008	
配对齿轮	图号	pump-00-03
	齿数	9

$Ra\ 0.8$

2×1 2×1

$\phi16_{-0.011}^{\ 0}$

$\phi16_{-0.011}^{\ 0}$

$\phi28.76$

$\phi34.5_{-0.05}^{-0.025}$

8

$26_{-0.073}^{-0.04}$

42

$$\sqrt{\ } = \sqrt{Ra\ 3.2}$$

$$\sqrt[x]{\ } = \sqrt{Ra\ 1.6}$$

$$\sqrt{\ }\ (\sqrt{\ })$$

标记	处数	分区	更改文件号	签名	年、月、日		HT200		从动轴	
设计			标准化			阶段标记	重量	比例		
审核								2:1	pump-00-02	
工艺			批准			共 张 第 张				

图 6-5 从动轴

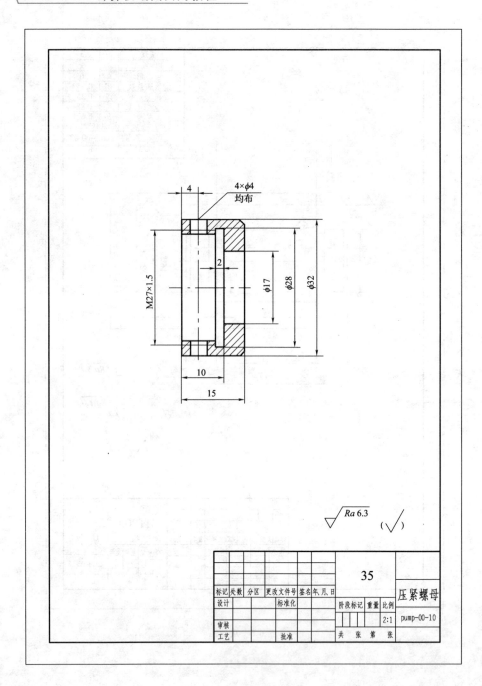

图 6-6 压紧螺母

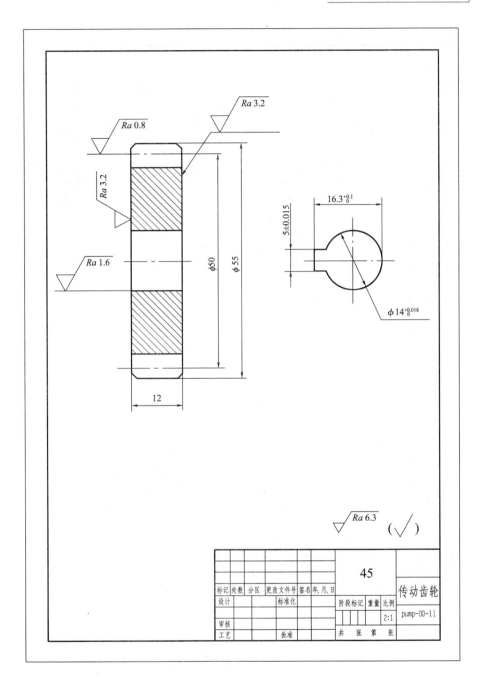

图 6-7　传动齿轮

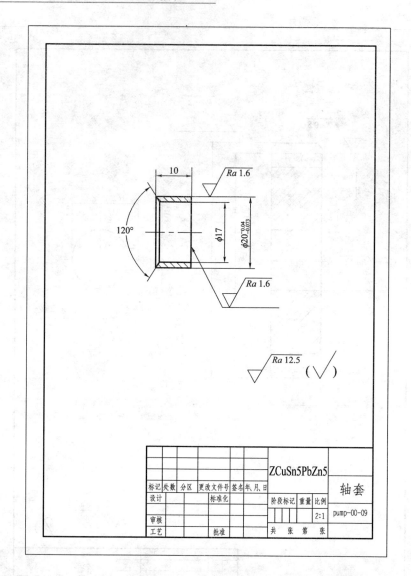

图 6-8　轴套

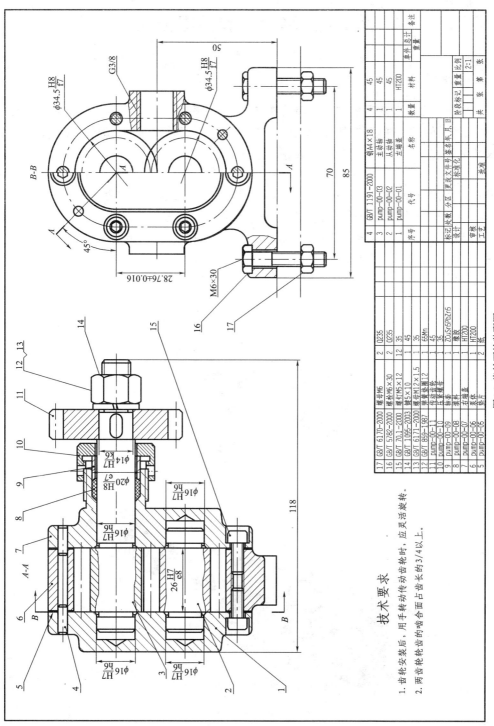

图6-9 齿轮泵的装配图

技术要求

1. 齿轮安装后，用手转动传动齿轮时，应灵活旋转。
2. 两齿轮轮齿的啮合面占齿长的3/4以上。

17	GB/T 6170-2000	螺母M6	2	Q235	
16	GB/T 5782-2000	螺栓M6×30	2	Q235	
15	GB/T 70.1-2000	螺钉M5×12	12	35	
14	GB/T 1095-2003	键5×10	1	45	
13	GB/T 6171-2000	螺母M12×1.5	1	35	
12	GB/T 859-1987	弹簧垫圈12	1	65Mn	
11	pump-00-11	传动齿轮	1	45	
10	pump-00-10	压紧螺母	1	35	
9	pump-00-09	轴套	1	ZCuSn5Pb5Zn5	
8	pump-00-08	填料	1	橡胶	
7	pump-00-07	右端盖	1	HT200	
6	pump-00-06	泵体	1	HT200	
5	pump-00-05	垫片	2	纸	

4	GB/T 1191-2000	键A4×18	4	45	
3	pump-00-03	主动轴	1	45	
2	pump-00-02	从动轴	1	45	
1	pump-00-01	左端盖	1	HT200	
序号	代号	名称	数量	材料	备注

单件 / 总计 — 重量

标记	处数	分区	更改文件号	签名	年月日				
设计				标准化		阶段标记	重量	比例
								2:1
审核								
工艺			批准			共 张	第	张

B-B

G3/8

$\phi34.5\dfrac{H8}{f7}$

$\phi34.5\dfrac{H8}{f7}$

45°

28.76±0.016

50

70

85

M6×30

A-A

$\phi14\dfrac{H7}{k6}$

$\phi20\dfrac{H8}{e7}$

$\phi16\dfrac{H7}{h6}$

$\phi16\dfrac{H7}{h6}$

$26\dfrac{H7}{e8}$

$\phi16\dfrac{H7}{h6}$

$\phi16\dfrac{H7}{h6}$

118

6.2 图形分析和绘图步骤

一、绘图思路

按照齿轮泵的装配顺序和零件间的连接、配合关系逐一将各零件相应的视图拼接起来，补充所需的标准件，同时处理重叠部分的显示顺序，调整相邻零件的剖面线，完成必要的尺寸标注，标注零件序号，填写明细表。

如图 6-9 所示为齿轮泵的装配图。两齿轮轴安装到泵体上，齿轮外圆与泵体内表面有配合；齿轮两侧面分别与左端盖和右端盖接触，有配合要求；左、右两端盖上的孔分别与主动轴、从动轴的轴颈有配合要求；左、右端盖与泵体通过螺钉连接、销钉定位；轴套外圆与右端盖右端孔配合，压紧螺母与右端盖螺纹连接，压在轴套上；传动齿轮与主动轴配合，左端靠在轴肩上，右端由垫圈、螺母固定。图 6-10 所示为齿轮泵实物模型，图 6-11 所示为齿轮泵装配分解图，从中可以看出零件组成和零件的装配关系。

图 6-10　齿轮泵实物模型

图 6-11　齿轮泵装配分解图

装配图的主视图为全剖视图，表达了齿轮泵各零件间的装配和连接关系；左视图为半剖视图，分别表达了左端盖、泵的外形和齿轮与泵体的配合关系。

二、绘图步骤

步骤 1,绘制作图基准线

绘制两视图的基准线如图 6-12 所示。

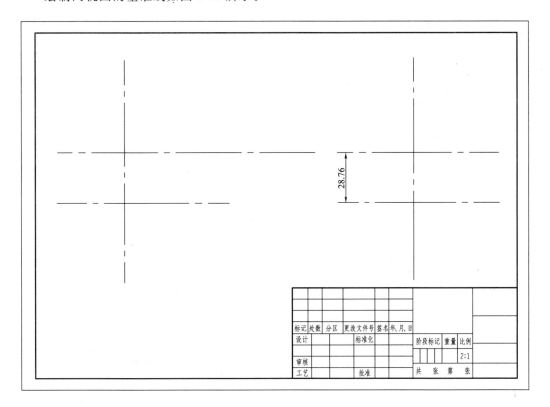

图 6-12 绘制图形基准线

步骤 2,局部存储和并入泵体主视图和左视图

(1)部分存储视图:打开泵体零件图,通过功能区【工具】选项卡【选项】面板中的【拾取设置】命令将中心线层和尺寸线层设置为不可选。

选择【文件】→【部分存储】命令,系统提示:

拾取元素: （窗口拾取泵体主视图）

对角点：↙ （右键结束选择）

请给定图形基点: （捕捉左侧面与上半圆弧点画线的交点）

弹出【部分存储文件】对话框,如图 6-13 所示。选择文件存储路径,命名文件"泵体主",即将所拾取的图形以独立文件的形式存储起来。

以上半圆弧的圆心为基点,将泵体左视图部分存储为另一个文件"泵体左"。

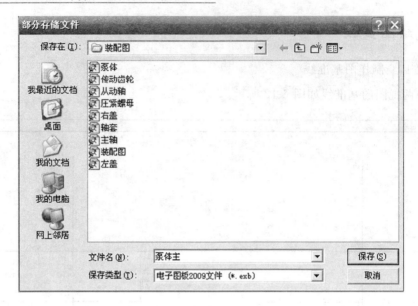

图 6-13 【部分存储文件】对话框

(2)并入视图(参见图 6-14)

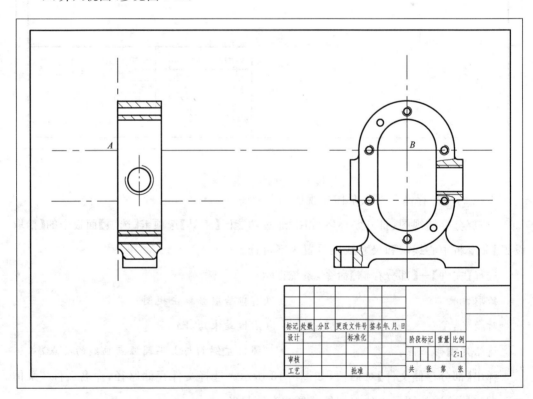

图 6-14 并入泵体视图

①切换回装配图文件,选择【文件】→【并入】命令,在打开的【并入文件】对话框中选择"泵体主",单击【打开】按钮退出对话框,系统再弹出一个【并入文件】对话框,如图 6-15 所

示,接受系统默认选择【并入到当前图纸】,单击【确定】按钮退出对话框。系统显示命令立即菜单和提示为:

【1.定点;2.粘贴为块;3.消隐;4.块名;5.比例 1】

定位点:　　　　　　　　　　　　　　　(捕捉主视图基准线交点 A)

旋转角:↙　　　　　　　　　　　　　　(右键接受默认 $0°$)

图 6-15　【并入文件】对话框

可知,部分存储时所选择的基点即为并入文件时图形的插入点。

在泵体并入时选择了立即菜单的【2.粘贴为块;3.消隐】,这意味着并入后的泵体主视图以一个块的形式存在,且自动隐藏其所覆盖的图形。

用同样的操作设置立即菜单【3.不消隐】,选择点 B 为插入点并入泵体的左视图。

②修改图形要素的显示顺序:单击图 6-14 中被消隐的两条点画线,使两条线的显示顺序【置顶】,两条线即全部显示。

CAXA 电子图板 2009 提供了图形要素的显示顺序控制。图形中的每一个图形要素根据其产生的先后获得相应的显示顺序,显示顺序靠前的遮挡显示顺序位后的。在图形要素的右键菜单中选择【显示顺序】命令,其子菜单有四个选项:【置顶】、【置底】、【置前】和【置后】。【置顶】即显示顺序为当前图形的顶端;【置底】即显示顺序位于所有图形的最底端;【置前】即在原显示顺序的基础上向前提高一级;【置后】即向后降低一级。

步骤 3,复制粘贴左端盖和右端盖的主视图(参见图 6-16)

【局部存储】和【并入】不失为一种图形共享的方法,它更适用于某些反复重用的图形。此外,使用【复制】、【粘贴】命令,也可实现文件之间的图形共享,在由零件图拼接绘制装配图时使用起来更方便。以右端盖主视图的复制粘贴为例,其操作过程如下:

打开右端盖图形文件,设置中心线层和尺寸线层不可选。在功能区【常用】选项卡【常用】面板的【复制】命令按钮 下拉列表中选择【带基点复制】命令,系统提示:

拾取添加:　　　　　　　　　　　　　(窗口选择右端盖的主视图)

对角点:↙　　　　　　　　　　　　　(右键结束拾取)

请指定基点:　　　　　　　　　　　　(拾取右端盖上交点 A)

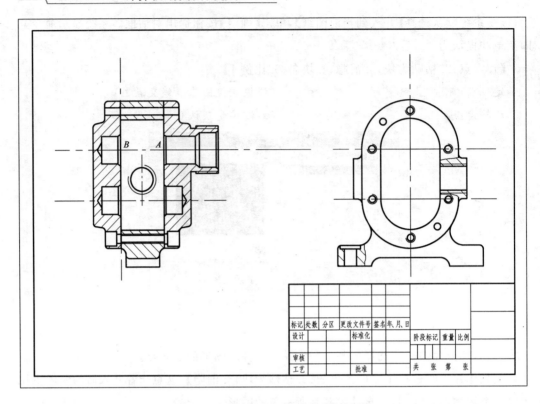

图 6-16   复制粘贴左端盖和右端盖的主视图

即完成图形复制。

切换回装配图文件,在功能区【常用】选项卡【常用】面板的【粘贴】命令按钮 下拉列表中选择【粘贴为块】命令,系统显示如下的命令立即菜单和提示:

【1.定点;2.粘贴为块;3.不消隐;4.比例 1】

请输入定位点:　　　　　　　　(拾取泵体右端面线与主基准线的交点为定位点 A)

即完成右端盖主视图的粘贴。

用同样的方法以点 B 为定位点复制粘贴左端盖的主视图。

步骤 4,复制粘贴主动轴和从动轴(参见图 6-17)

用复制粘贴法,设置【粘贴】命令的立即菜单为【1.定点;2.粘贴为块;3.消隐;4.比例 1】,以交点 A 为定位点,复制粘贴主动轴;以交点 B 为定位点,复制粘贴从动轴。

将两条图形基准线的显示顺序【置顶】。

步骤 5,拼接轴套(参见图 6-18)

用复制粘贴法,选择交点 A 为基点复制轴套;设置【粘贴】命令的立即菜单同上,用最近点模式,捕捉主基准线上适当的点为定位点粘贴轴套,以保证预留适当的填料区域。

暂时不处理消隐关系。

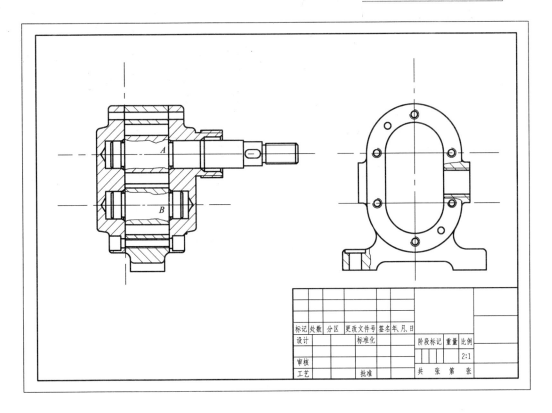

标记	处数	分区	更改文件号	签名	年、月、日			
设计			标准化			阶段标记	重量	比例
								2:1
审核								
工艺			批准			共　张　第　张		

图 6-17　复制粘贴主动轴和从动轴

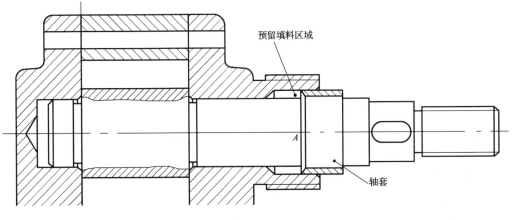

图 6-18　拼接轴套

步骤 6,拼接压紧螺母(参见图 6-19)

①以交点 A 为基点和定位点粘贴压紧螺母。

②修改压紧螺母和轴套的显示顺序:选择压紧螺母,将其显示顺序【置底】;选择主动轴和主基准线,将它们的显示顺序【置顶】。其结果参见图 6-20。

步骤 7,绘制填料(参见图 6-20)

(1)定义填料块:为使填料消隐其他图线,需要定义填料区域为具有封闭轮廓的块。

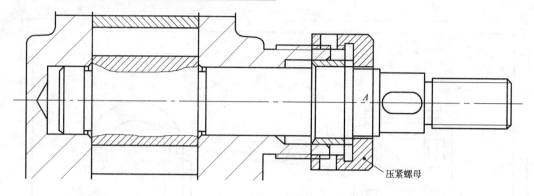

图 6-19　拼接压紧螺母

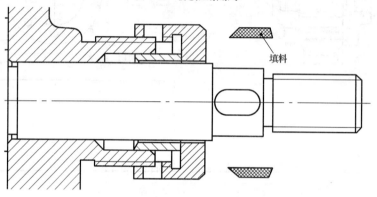

图 6-20　绘制填料

单击【直线】命令按钮 ✐，设置立即菜单为【1.两点线；2.连续】，捕捉填料预留区域的轮廓端点绘制一个封闭的填充区域。为方便之后的操作，用窗口方式选择该轮廓并将其移到图外，并用 ANSI37 图案填充。将填料定义为块的方法如下：

单击功能区【常用】选项卡【基本绘图】面板中【块插入】命令按钮 ⊡ 下拉列表中的【创建】命令，系统提示：

　　拾取元素：　　　　　　　　　　　　（窗口选择整个填料）

　　对角点：✐　　　　　　　　　　　　（右键结束选择）

　　基准点：　　　　　　　　　　　　　（拾取填料轮廓线上任一端点）

在弹出的【块定义】对话框中任意输入一块名，单击【确定】按钮，即完成块定义。

单击该块，在其右键菜单中选择【消隐】命令。

(2)镜像填料块：以主动轴轴线为对称线，镜像填料块。

(3)移动填料块：用【平移复制】命令，分别将两个填料块移动到原填料区。

步骤 8，补画点画线

补画装配图主视图上各孔的轴线、齿轮分度线等点画线。

步骤 9，补画垫片

为保证齿轮与两侧端盖的配合关系，在用夸大画法绘制垫片时，应从端盖与泵体的接触线向泵体一侧绘制。如图 6-21 所示，选择两端面的接合线，用【平行线】命令完成泵体与左、右端盖结合面间的垫片画图。

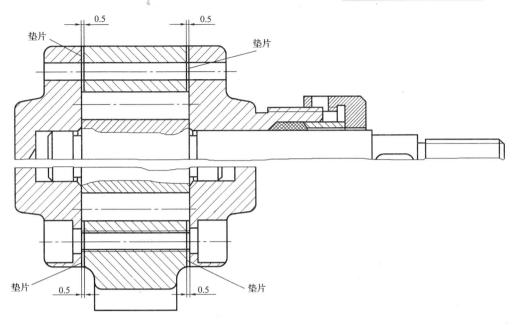

图 6-21 绘制垫片

步骤 10,复制粘贴左端盖左视图

由于齿轮泵的左视图采用半剖,左端盖插入后需要裁剪一半,故需首先对其进行适当的编辑,然后再以块的形式定位到图形中。如通过以下操作:

(1)复制图形:定点复制左端盖左视图。

(2)编辑图形:切换到装配图,选择【粘贴】命令(不粘贴为块),将图形粘贴到一旁空白处。添加垂直对称线,并以该对称线为边界裁剪图形右半侧,如图 6-22 所示。

(3)定位图形:由于开区域块不能实现消隐,故左端盖块需要连同对称线一起定义块,为此应适当调整该对称线端点位置,使之替代装配图左视图的对称线。选择【复制平移】命令,设置立即菜单的选项【2.平移为块】,捕捉上半圆弧圆心 A 为第一点,装配图基准线交点 B 为第二点,将编辑后的左端盖视图进行平移。平移后的左端盖即转为块,执行【块消隐】命令,并删除原左视图垂直对称线。

结果如图 6-23 所示。

步骤 11,插入泵体和泵盖的连接螺钉

(1)插入视图 1:单击【提取图符】命令按钮 ，选择

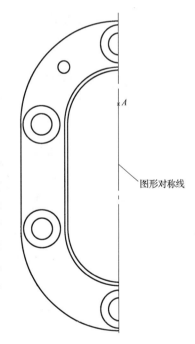

图 6-22 编辑后的左端盖左视图

【螺钉】→【圆柱头螺钉】→【GB/T 70.1—2000 内六角圆柱头螺钉】,如图 6-24 所示。单击【下一步】按钮,进入【图符预处理】对话框,选择 M5×12 的视图 1,单击【完成】按钮退出对话框。

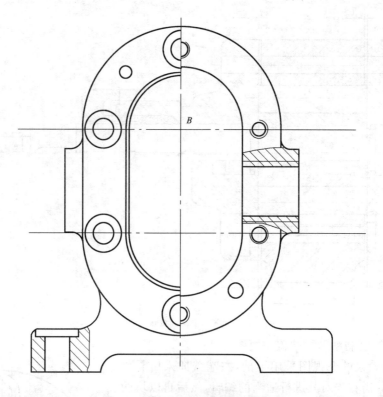

图 6-23　添加左端盖后的装配图左视图

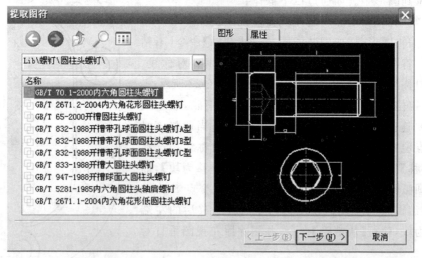

图 6-24　提取螺钉图符

系统显示命令立即菜单和提示为：

【1.不打散；2.消隐】

图符定位点：　　　　　　　　　　　（捕捉图 6-25 所示的交点 A）

旋转角：↙　　　　　　　　　　　　（右键接受默认 0°）

……　　　　　　　　　　　　　　　（插入另一侧螺钉）

结果如图 6-25 所示。

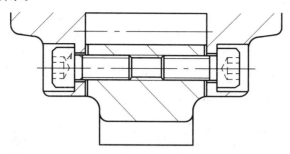

图 6-25　插入螺钉视图 1

(2)在左视图插入螺钉视图 2(参见图 6-26)：右键重复【提取图符】命令，选择同一螺钉的视图 2，设置立即菜单为【1.打散】，插入到图形一旁空白处得图 A。

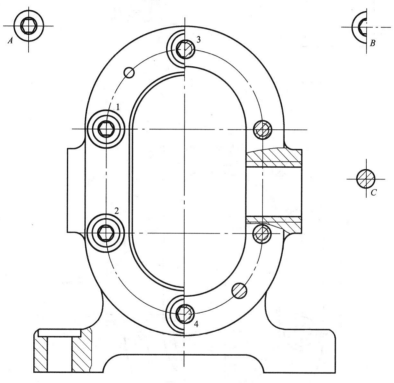

图 6-26　插入螺钉视图 2

复制图 A 到图 B。编辑图 B 以获得螺钉视图 2 的半个视图。

启动【平移复制】命令，设置立即菜单为：【1.给定两点；2.粘贴为块；3.消隐；4.旋转角 0；5.比例 1；6.份数 1】，选择图 A(不包括中心线)复制到左视图左端盖两个圆心 1、2 处。

同样复制图 B(不包括中心线)到左视图对称线的沉孔圆心 3、4 处。

(3)插入左视图剖切侧的外螺纹(参见图 6-26)：单击【提取图符】命令按钮 ，在弹出的【提取图符】对话框中选择【常用图形】→【孔】→【粗牙外螺纹】。单击【下一步】按钮，在弹出的【图符预处理】对话框中选择尺寸规格为 D=5，单击【完成】按钮。设置立即菜单为【1.打散】，插入到图上空白处得图 C。添加剖面线，再用【2.粘贴为块；3.消隐】的方式将图 C 复制到左视图泵体各螺孔处。修改对称线上外螺纹断面图的显示顺序，使之处于被左端盖消隐状态。

步骤 12,插入销

如图 6-27 所示,单击【提取图符】命令按钮 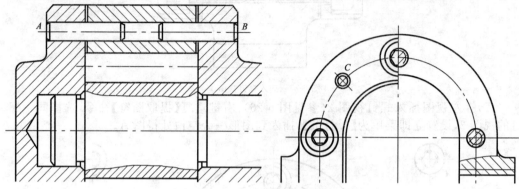,在弹出的【提取图符】对话框中选择【销】→【圆柱销】→【GB/T 119.1—2000 圆柱销】。单击【下一步】按钮,在弹出的【图符预处理】对话框中选择销的尺寸规格为 4×18,单击【完成】按钮分别捕捉销孔轴线与左、右端盖两端面线的交点 A、B 插入。在左视图 C 处补画直径为 3 的销端面倒圆。

图 6-27 插入销

步骤 13,补画左视图上齿轮啮合图

绘制齿顶圆和分度圆,参见图 6-28。

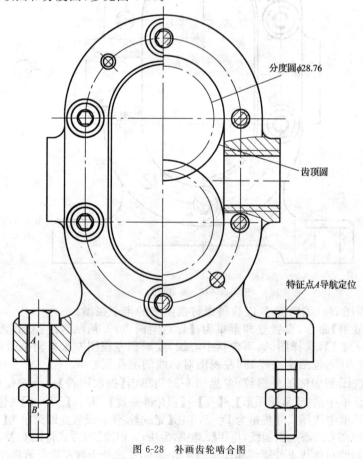

分度圆φ28.76

齿顶圆

特征点A导航定位

图 6-28 补画齿轮啮合图

步骤 14,插入泵体安装螺栓及螺母(参见图 6-28)

用【提取图符】命令提取【螺栓和螺柱】→【六角头螺栓】文件下的【GB/T 5782—2000 六角头螺栓】,选择销 M6×30 视图 1,捕捉左视图泵体螺栓孔轴线与沉孔底面线的交点 A 插入。再用【提取图符】命令提取【螺母】→【六角螺母】文件下的【GB/T 6175—2000(2 型 六角螺母)】,选择销 M6 视图 1,用最近点捕捉模式拾取螺栓轴线上一点 B 插入。

以 A 点为第一点,以导航线和螺栓孔轴线的交点为第二点,复制螺栓和螺母到另一侧,并进行消隐。

步骤 15,垫片断面涂黑

单击【填充】命令按钮▨,逐一拾取图上垫片区域内一点,进行实心填充,如图 6-29 所示。

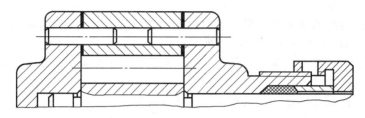

图 6-29　垫片区域实心填充

步骤 16,粘贴传动齿轮、弹簧垫圈和螺母

如图 6-30 所示,A、B、C 分别为传动齿轮、弹簧垫圈和螺母的定位点,插入各零件,其中弹簧垫圈和螺母为标准件,通过【提取图符】获得,操作过程从略。

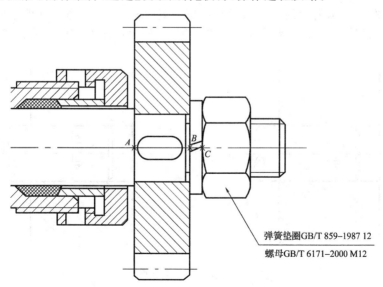

弹簧垫圈GB/T 859–1987 12

螺母GB/T 6171–2000 M12

图 6-30　插入传动齿轮等

6.3 装配图尺寸标注

一、装配图上的尺寸类型

装配图上只标注与装配体性能、装配、安装、运行等有关的尺寸。

(1)性能(或规格)尺寸,如本例中泵体进出口尺寸 G3/8,便是表明该齿轮泵流量范围的性能尺寸。

(2)装配尺寸,分两部分:一部分是各零件之间的配合尺寸,如本例中两个传动轴支承处孔轴配合尺寸 $\phi16H7/h6$;另一部分是与装配有关的零件之间的相对位置尺寸,如两齿轮中心距 28.76 ± 0.016。

(3)安装尺寸,即表示将机器或部件安装到其他设备上或地基上所需要的尺寸。如本例中泵体螺栓规格 M6×30 及其中心距 70。

(4)总体尺寸,即表示装配体的总长、总宽、总高三个方向的尺寸,如本例中总长 118、总宽 85。

(5)其他重要尺寸,如运动件的运动范围尺寸等。

二、配合尺寸标注方法

除配合尺寸外,装配图尺寸标注方法与一般零件尺寸标注方法并没有什么不同。这里仅就配合尺寸标注举例说明,其他尺寸标注从略。

装配图上配合尺寸标注有如图 6-31 所示的两种形式,其中图 6-31(a)所示的标注形式最常用。图 6-31(b)所示的标注形式只需按一般尺寸标注,在命令立即菜单的基本尺寸后添加配合代号即可,这里要介绍的是图 6-31(a)所示标注形式的尺寸标注方法(详见第一篇 4.2.7)。

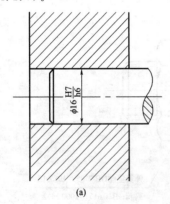

(a)

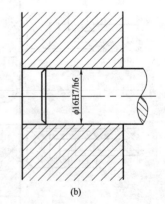

(b)

图 6-31　配合尺寸的标注形式

单击【尺寸标注】命令按钮 ⊢⊣,拾取两条尺寸界线,移动光标至合适位置指定尺寸线位置。如果这时单击鼠标左键,就完成了一般尺寸标注过程;而要完成配合尺寸标注,需在指定尺寸线位置时单击鼠标右键,这时系统弹出如图 6-32 所示的【尺寸标注属性设置】对话框,在【公差与配合】选项区的【输入形式】下拉列表中选择【配合】,在【公差带】选项区的【孔公差带】、【轴公差带】文本框中选择或输入相应的代号,单击【确定】按钮退出对话框,即完成配合尺寸标注。

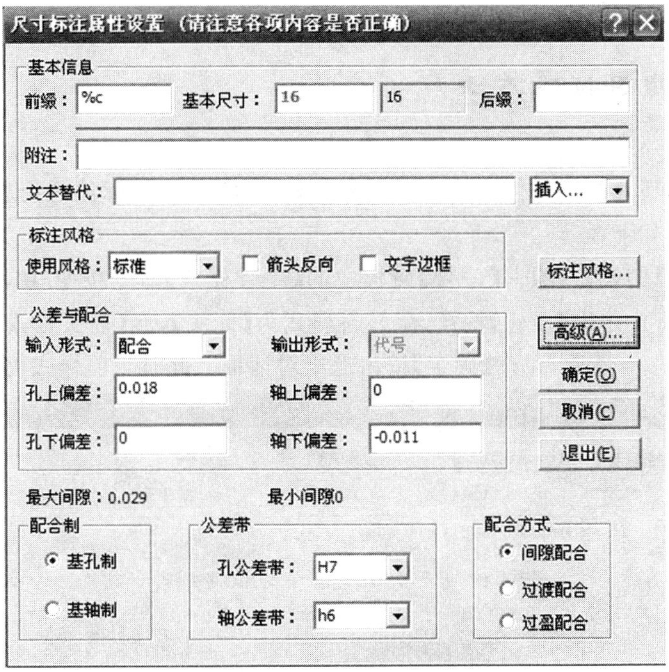

图 6-32 【尺寸标注属性设置】对话框

6.4 零件序号和明细表

一、编写序号的规定和表示法

(1)装配图中所有的零、部件都必须编写序号,并与明细栏中的序号一致。

(2)装配图中每一个零、部件只编写一个序号,相同的零、部件拥有一个序号,并在明细栏中写明数量。

(3)图 6-33 所示为零件序号的三种表示方法,同一张图上零件序号的表示方法要统一。当所标注零件为薄件或涂黑的剖面时,指引线的圆点用箭头代替,如图 6-34 所示。零件序号的指引线相互不能相交,也不能与剖面线平行;必要时,指引线可以画成折线,但只能折一次。序号字高比图上尺寸大一号。

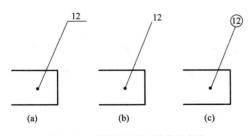

图 6-33 零件序号的三种表示方法

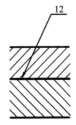

图 6-34 涂黑件的零件指引线

（4）几个有固定装配关系的零件可以共用一个引线。

（5）零件序号应按顺时针或逆时针方向顺次地整齐排列在水平或垂直方向上。

二、零件序号标注方法

1. 新建零件序号样式

为满足图上垫片的序号使用箭头形式的需要，在零件序号标注之前新建一个【箭头】序号样式。方法如下：

单击功能区【图幅】选项卡【序号】面板中的【序号样式】命令按钮，在弹出的【序号风格设置】对话框中单击【新建】按钮，命名新样式为【箭头】，在【箭头样式】下拉列表中选择【箭头】，如图 6-35 所示，单击【确定】按钮退出对话框。此时当前样式仍为【标准】。

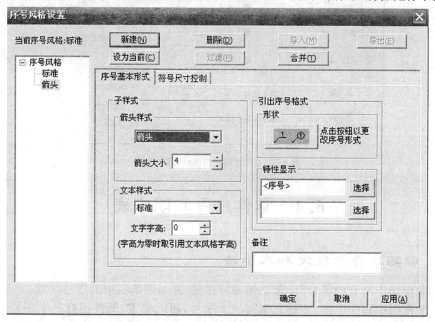

图 6-35　新建序号样式

2. 序号生成

单击功能区【图幅】选项卡【序号】面板中的【生成序号】命令按钮，设置命令立即菜单为【1.序号＝1；2.数量 1；3.水平；4.由内向外；5.生成明细表；6.不填写；7.单折】，按逆时针顺序逐一给各零件标注序号，序号的引出点应在零件可见轮廓的范围内，指引线引到图外，并运用序号导航保证序号文字水平或垂直排列整齐。

固定传动齿轮的弹簧垫圈和螺母可以共用一个序号指引线。只要在标注螺母序号时将立即菜单的第 2 项设置为【2.数量 2】即可，如图 6-36 中序号 12、13 和 16、17 所示。

直接拾取垫片序号，在右键菜单中选择【特性】命令，在【特性】选项板中将【序号风格】改为前面定义的【箭头】样式，参见图 6-36 中的序号 7。

标注完成后，如果需要调整序号的位置或插入、重新编号，可启动相应的序号相关命令（详见第一篇 6.2），此处从略。

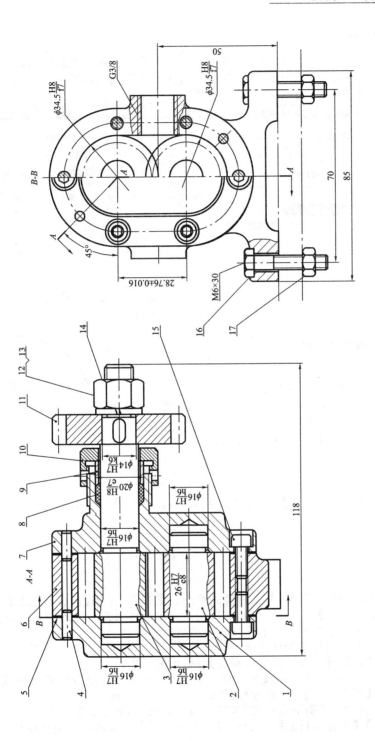

图6-36　零件序号标注

三、明细表

零件序号标注后,系统自动生成明细表。单击【填写明细表】命令按钮 ，在弹出的如图 6-37 所示的对话框中直接用鼠标单击文本位置输入各序号对应的零件信息。完成后单击对话框的【确定】按钮,即完成明细表填写。

图 6-37 【填写明细表】对话框

四、绘图技巧积累

圆弧上的半标注

以图 6-38 为例,标注过程如下:

单击【尺寸标注】命令按钮 下拉列表中的【半标注】命令,设置命令的立即菜单为【1.直径;2.延伸长度 3;3.前缀%c;4.基本尺寸】,命令执行过程如下:

图 6-38 圆弧上的半标注

拾取直线或第一点: (捕捉圆心)

拾取直线或第二点: (捕捉圆弧上最近点)

尺寸线位置:

系统提示【尺寸线位置】时移动光标到圆心,出现垂直标志时左键拾取点或单击右键设置尺寸属性。

小 结

1.根据零件图绘制装配图时,遵照适当的装配顺序,运用【部分存储】、【并入】、【带基点复制】和【粘贴为块】等命令拾取零件图所需的图形插入到装配图中来绘制装配图,再利用块消隐和显示顺序控制等功能实现零件的可见性控制。

2.装配图上标注与装配体性能、装配、安装、运行等有关的尺寸,其中配合尺寸是装配图特有的尺寸,通过【尺寸标注属性设置】对话框来标注。

3.装配图上零件序号通过【序号样式】命令定义需要的序号形式,通过【生成序号】、【删除序号】、【编辑序号】、【交换序号】等命令完成序号标注与调整。

4.明细表可通过【明细表样式】来定义明细表格式,通过【填写明细表】、【删除表项】、【明细表样式】、【表格折行】、【插入空行】等命令填写内容及调整表项和排列方式。

· 习 题 ·

根据零件图(图 6-39~图 6-42)绘制阀装配图(图 6-43)。

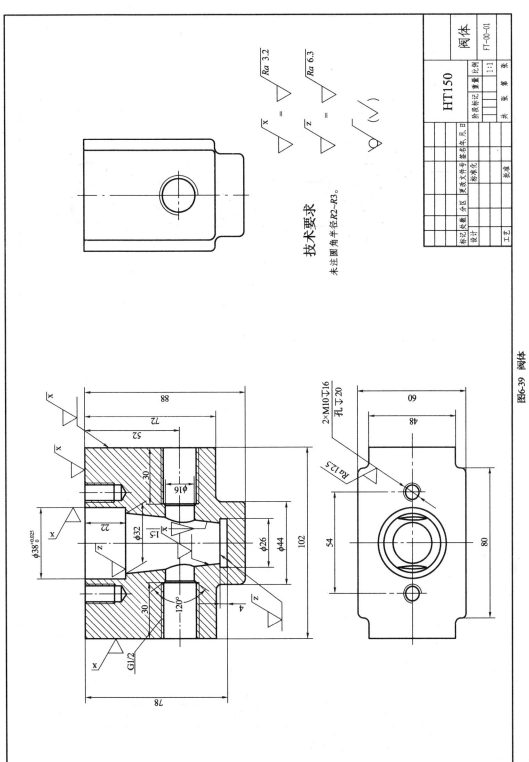

图6-39 阀体

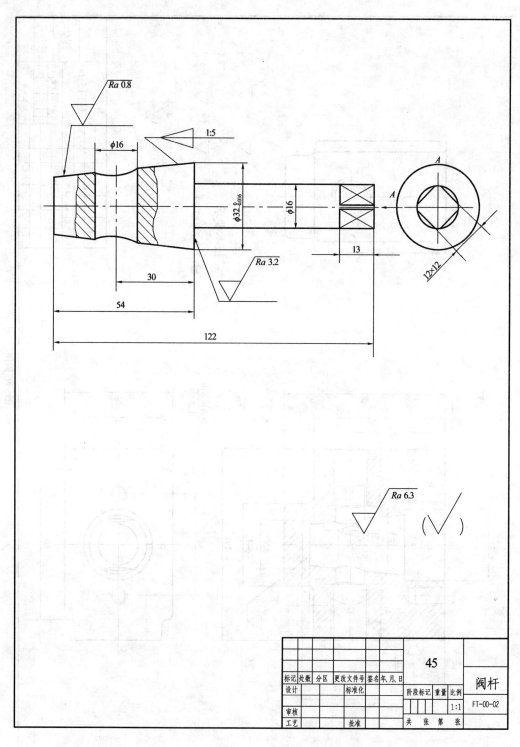

图 6-40 阀杆

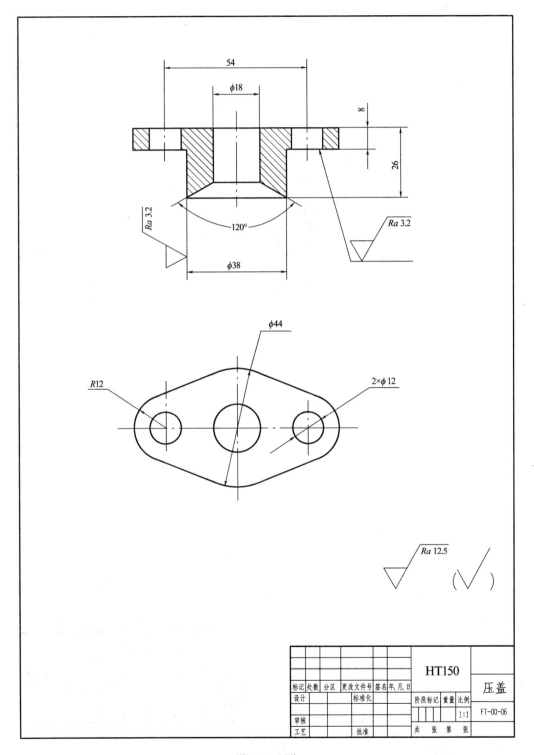

图 6-41 压盖

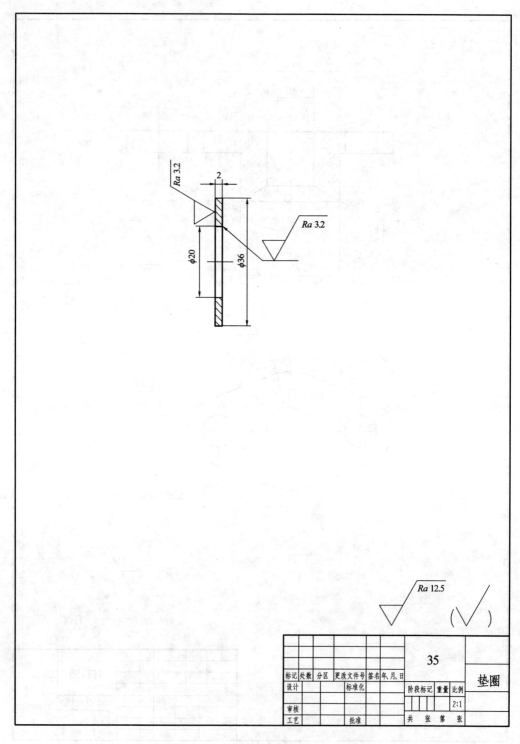

图 6-42 垫圈

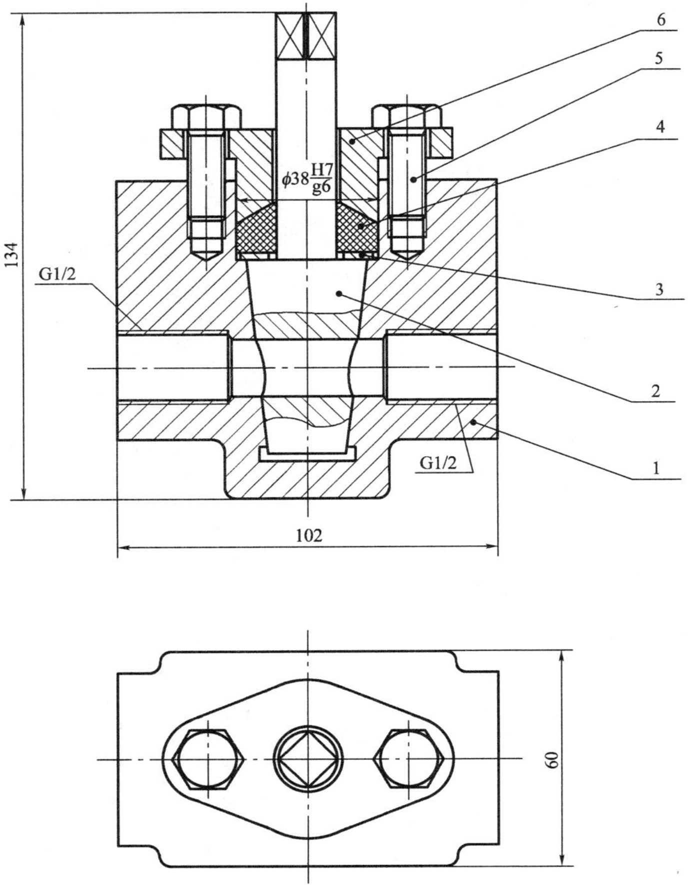

6	FF-00-06	压盖	1	HT150	
5	GB/T 5783-2000	螺栓M10×25	2	A3	
4	FT-00-04	填料	1		
3	GB/T 848-2002	垫圈20	1	35	
2	FT-00-02	阀杆	1	45	
1	FT-00-01	阀体	1	HT150	
序号	代号	名称	数量	材料	单件 总计 备注
					重量

标记 处数 分区 更改文件号 签名 年,月,日				阶段标记 重量 比例	
设计					1:1
审核				共 张 第 张	
工艺	批准				

图6-43 阀体装配图

参考文献

1.张卧波.CAXA2007计算机绘图实用教程.北京:化学工业出版社,2008

2.马希青.CAXA电子图板教程.北京:冶金工业出版社,2008

3.陈子银,黄美英.CAXA电子图板教程.北京:北京理工大学出版社,2006

4.钟日铭.CAXA电子图板2009基础教程.北京:清华大学出版社,2009